〔明〕陳繼儒 著

小窗幽記

廣陵書社

中國·揚州

圖書在版編目（ＣＩＰ）數據

小窗幽記 / （明）陳繼儒著. -- 揚州 ：廣陵書社，
2023.3
（國學經典叢書）
ISBN 978-7-5554-1997-6

Ⅰ．①小… Ⅱ．①陳… Ⅲ.①人生哲學－中國－明代
Ⅳ. ①B825

中國國家版本館CIP數據核字(2023)第033215號

書　　名	小窗幽記
編　　著	〔明〕陳繼儒
責任編輯	王浩宇
出 版 人	曾學文
裝幀設計	鴻儒文軒

出版發行　廣陵書社
　　　　　　揚州市四望亭路 2-4 號　　郵編：225001
　　　　　　（0514）85228081（總編辦）　85228088（發行部）
　　　　　　http://www.yzglpub.com　E-mail：yzglss@163.com

印　　刷　三河市華東印刷有限公司

開　　本	880 毫米 ×1230 毫米　1/32
印　　張	8.125
字　　數	75 千字
版　　次	2023 年 3 月第 1 版
印　　次	2023 年 3 月第 1 次印刷
標準書號	ISBN 978-7-5554-1997-6
定　　價	48.00 圓

編輯説明

自上世紀九十年代始，我社陸續編輯出版一套綫裝本中華傳統文化普及讀物，名爲《文華叢書》。編者孜孜矻矻，兀兀窮年，歷經二十載，聚爲上百種，集腋成裘，蔚爲可觀。叢書以内容經典、形式古雅、編校精審，深受讀者歡迎，不少品種已不斷重印，常銷常新。

國學經典，百讀不厭，其中蘊含的生活情趣、生命哲理、人生智慧，以及家國情懷、歷史經驗、宇宙真諦，令人回味無窮，啓迪至深。

爲了方便讀者閱讀國學原典，更廣泛地普及傳統文化，特于《文華叢書》基礎上，重加編輯，推出《國學經典叢書》。

本叢書甄選國學之基本典籍，萃精華于一編。以内容言，所選均

一

爲家喻户曉的經典名著，涵蓋經史子集，包羅詩詞文賦、小品蒙書，琳琅滿目；以篇幅言，每種規模不大，或數種彙于一書，便于誦讀；以形式言，採用傳統版式，字大文簡，讀來令人賞心悅目；以編輯言，力求精擇良善版本，細加校勘，注重精讀原文，偶作簡明小注，或酌配古典版畫，體現編輯的匠心。

當下國學典籍的出版方興未艾，品質參差不齊。希望這套我社經年打造的品牌叢書，能爲讀者朋友閱讀經典提供真正的精善讀本。

廣陵書社編輯部

二〇二三年三月

出版説明

明代中晚期，中國的絕大多數文人在思想上都或多或少地受到陸王『心學』的影響，基本認同了『致良知』的道德修養學説和『知行合一』的生活實踐理論。這一時期，由于傳統道德桎梏的鬆弛，文壇上涌現出一大批極具個性、大膽表露性靈、直指人生本味的文人學士，如屠隆、陳繼儒、吴從先、洪自誠、張潮等等；出現了一大批暢談人生百味的清閑小品文，如《娑羅館清言》《小窗幽記》《菜根譚》《幽夢影》等。這些作品，以其雋永的文字，寥寥數語，點悟人生真諦，暢説生活體驗。文辭優美，對仗工整，令人過目成誦，嘆爲觀止，被後人譽爲『東方智慧』之書。

《小窗幽記》，一般認爲是明陳繼儒輯，但據現在有些學者考證，認爲是一本假托陳眉公之名而廣泛流傳的書。全書十二卷，分醒、情、峭、靈、素、景、韵、奇、綺、豪、法、倩十二類，是一部關于修身、處世、養生的纂輯式的清言小品集。是書『語語峭麗，字字珠璣』，體例周備，規模可觀，堪稱晚明清言的集成之作。

陳繼儒（一五五八—一六三九），字仲醇，號眉公、麋公，華亭（今上海松江）人。主要生活于明萬曆、天啓年間，『年未三十，取儒衣冠焚弃之』，絶意于仕進。爲晚明山人墨客的領袖人物，對當時以至清初文壇産生了很大影響。他一生著述等身，著作主要有《陳眉公先生全集》六十卷、《晚香堂小品》二十四卷

二

等。他編寫的書很多，如《太平清話》《摸世語》《狂夫之言》等一批作品，而《小窗幽記》尤受時人喜愛。

《小窗幽記》最早刻本是清乾隆三十五年問心齋本。一九三五年，上海中央書店出版『國學珍本文庫』，第一輯收録《小窗幽記》，世稱『國學珍本文庫本』。現以乾隆三十五年問心齋本爲底本，參考國學珍本文庫本，精心校點，以饗讀者。疏謬之處，誠請不吝賜教。

廣陵書社編輯部

二〇二三年三月

四

序

太上立德，其次立言。言者心聲，而人品學術，恒由此見焉。

無論詞躁、詞憸、詞煩、詞支，徒蹈尚口之戒。倘語大而誇，談理而腐，亦豈可以爲訓乎？然則欲求傳世行遠，名山不朽，必貴有以居其要矣。眉公先生，負一代盛名，立志高尚，著述等身，曾集《小窗幽記》以自娛。泄天地之秘笈，擷經史之菁華，語帶烟霞，韵諧金石。醒世持世，一字不落言筌；揮塵風生，直奪清談之席；解頤語妙，常發斑管之花。所謂端莊雜流漓，爾雅兼溫文，有美斯臻，無奇不備。夫豈卮言無當，徒以資覆瓿之用乎？許昌崔維東，博學好古，欲付剞劂，以公同好。問序之余，因不辭謭陋，特爲之弁言簡端。

乾隆三十五年歲次庚寅春月，昌平陳本敬仲思氏書于聚星書院之謝青堂。

目録

二

卷一 醒

食中山之酒，一醉千日。今之昏昏逐逐，無一日不醉；趨名者醉于朝，趨利者醉于野，豪者醉于聲色車馬。安得一服清涼散，人人解醒？集醒第一。

倚高才而玩世，背後須防射影之蟲；飾厚貌以欺人，面前恐有照膽之鏡。

怪小人之顛倒豪傑，不知慣顛倒方爲小人；惜吾輩之受世折磨，不知惟折磨乃見吾輩。

花繁柳密處撥得開，纔是手段；風狂雨急時立得定，方見腳根。

淡泊之守，須從穠艷場中試來；鎮定之操，還向紛紜境上勘過。

市恩不如報德之爲厚，要譽不如逃名之爲適，矯情不如直節之爲真。

使人有面前之譽，不若使人無背後之毀；使人有乍交之歡，不若使人無久處之厭。

攻人之惡毋太嚴，要思其堪受；教人以善毋過高，當原其可從。

不近人情，舉世皆畏途；不察物情，一生俱夢境。

遇沉沉不語之士，切莫輸心；見悻悻自好之徒，應須防口。結

纓整冠之態，勿以施之焦頭爛額之時；繩趨尺步之規，勿以用之救死扶危之日。

議事者身在事外，宜悉利害之情；任事者身居事中，當忘利害之慮。

儉，美德也，過則爲慳吝，爲鄙嗇，反傷雅道；讓，懿行也，過則爲足恭，爲曲謙，多出機心。

藏巧于拙，用晦而明；寓清于濁，以屈爲伸。

彼無望德，此無示恩，窮交所以能長；望不勝奢，欲不勝饜，利交所以必忤。

怨因德彰，故使人德我，不若德怨之兩忘；仇因恩立，故使人知恩，不若恩仇俱泯。

天薄我福，吾厚吾德以迓之；天勞我形，吾逸吾心以補之；天厄我遇，吾亨吾道以通之。

淡泊之士，必為穠艷者所疑；檢飭之人，必為放肆者所忌。

事窮勢蹙之人，當原其初心；功成行滿之士，要觀其末路。

好醜心太明，則物不契；賢愚心太明，則人不親。須是內精

明而外渾厚，使好醜兩得其平，賢愚共受其益，纔是生成的德

量。

好辯以招尤，不若訒默以怡性；廣交以延譽，不若索居以自

全；厚費以多營，不若省事以守儉；逞能以受妒，不若韜精以示

拙。費千金而結納賢豪，孰若傾半瓢之粟以濟飢餓？搆千楹而

招徠賓客，孰若葺數椽之茅以庇孤寒？

恩不論多寡，當厄的壺漿，得死力之酬；怨不在淺深，傷心

的杯羹，召亡國之禍。

四

仕途須赫奕，常思林下的風味，則權勢之念自輕；世途須紛

華，常思泉下的光景，則利欲之心自淡。

居盈滿者，如水之將溢未溢，切忌再加一滴；處危急者，如

木之將折未折，切忌再加一搦。

了心自了事，猶根拔而草不生；逃世不逃名，似膻存而蚋還

集。

情最難久，故多情人必至寡情；性自有常，故任性人終不失

性。

才子安心草舍者，足登玉堂；佳人適意蓬門者，堪貯金

屋。

喜傳語者，不可與語；好議事者，不可圖事。

甘人之語，多不論其是非；激人之語，多不顧其利害。

真廉無廉名，立名者所以爲貪；大巧無巧術，用術者所以爲拙。

爲惡而畏人知，惡中猶有善念；爲善而急人知，善處即是惡根。

譚山林之樂者，未必真得山林之趣；厭名利之譚者，未必盡忘名利之情。

從冷視熱，然後知熱處之奔馳無益；從冗入閑，然後覺閑中之滋味最長。

貧士能濟人，纔是性天中惠澤；鬧場能篤學，方爲心地上工夫。

伏久者，飛必高；開先者，謝獨早。

貪得者身富而心貧，知足者身貧而心富；居高者形逸而神勞，處下者形勞而神逸。

局量寬大，即住三家村裏，光景不拘；智識卑微，縱居五都市中，神情亦促。

惜寸陰者，乃有凌鑠千古之志；憐微才者，乃有馳驅豪杰之心。

天欲禍人，必先以微福驕之，要看他會受；天欲福人，必先以微禍儆之，要看他會救。

書畫受俗子品題，三生浩劫；鼎彝與市人賞鑒，千古异冤。

脫穎之才，處囊而後見；絕塵之足，歷塊以方知。

結想奢華則所見轉多冷淡；冥心清素，則所涉都厭塵氛。

多情者不可與定妍媸，多誼者不可與定取與，多氣者不可與定雌雄，多興者不可與定去住。

世人破綻處，多從周旋處見；指摘處，多從愛護處見；艱難處，多從貪戀處見。

凡情留不盡之意，則味深；凡興留不盡之意，則趣多。

待富貴人，不難有禮，而難有體；待貧賤人，不難有恩，而難有禮。

山栖是勝事，稍一縈戀，則亦市朝；書畫賞鑒是雅事，稍一貪痴，則亦商賈；詩酒是樂事，稍一徇人，則亦地獄；好客是豁達事，稍一爲俗子所撓，則亦苦海。

多讀兩句書，少說一句話；讀得兩行書，説得幾句話。

看中人，在大處不走作；看豪杰，在小處不滲漏。

留七分正經以度生，留三分痴呆以防死。

輕財足以聚人，律己足以服人，量寬足以得人，身先足以率人。

從極迷處識迷，則到處醒；將難放懷一放，則萬境寬。

大事難事看擔當，逆境順境看襟度，臨喜臨怒看涵養，群行群止看識見。

安詳是處事第一法，謙退是保身第一法，涵容是處人第一法，灑脱是養心第一法。

處事最當熟思緩處。熟思則得其情，緩處則得其當。

必能忍人不能忍之觸忤，斯能為人不能為之事功。

輕與必濫取，易信必易疑。

積丘山之善，尚未為君子；貪絲毫之利，便陷于小人。

智者不與命鬥，不與法鬥，不與理鬥，不與勢鬥。

良心在夜氣清明之候，真情在簞食豆羹之間。故以我索人，不如使人自反；以我攻人，不如使人自露。

俠之一字，昔以之加義氣，今以之加揮霍，只在氣魄氣骨之分。

不耕而食，不織而衣，搖唇鼓舌，妄生是非，故知無事人好生事。

才人經世，能人取世，曉人逢世，名人垂世，高人玩世，達人出世。

寧爲隨世之庸愚，無爲欺世之豪杰。

沾泥帶水之累，病根在一戀字；隨方逐圓之妙，便宜在一耐字。

天下無不好諛之人，故諂之術不窮；世間盡善毀之輩，故讒之路難塞。

進善言，受善言，如兩來船，則相接耳。

清福，上帝所吝，而習忙可以銷福；清名，上帝所忌，而得謗可以銷名。

造謗者甚忙，受謗者甚閑。

蒲柳之姿，望秋而零；松柏之質，經霜彌茂。

人之嗜名節，嗜文章，嗜游俠，如好酒然，易動客氣，當以德消之。

好譚閨閫，及好譏諷者，必爲鬼神所忌，非有奇禍，則必有奇窮。

神人之言微，聖人之言簡，賢人之言明，衆人之言多，小人之言妄。

士君子不能陶熔人，畢竟學問中工力未到。

有一言而傷天地之和，一事而折終身之福者，切須檢點。

能受善言，如市人求利，寸積銖累，自成富翁。

金帛多，只是博得垂老時子孫眼淚少，不知其他，知有爭而已；金帛少，只是博得垂老時子孫眼淚多，不知其他，知有哀而已。

景不和，無以破昏蒙之氣；地不和，無以壯光華之色。

一念之善，吉神隨之；一念之惡，厲鬼隨之。知此可以役使鬼神。

出一個喪元氣進士，不若出一個積陰德平民。

眉睫纔交，夢裏便不能張主；眼光落地，泉下又安得分明。

佛只是個了仙，也是個了聖。人了了不知了，不知了了是了了。若知了了，便不了。

萬事不如杯在手，一年幾見月當頭？

憂疑杯底弓蛇，雙眉且展；得失夢中蕉鹿，兩腳空忙。

名茶美酒，自有真味。好事者投香物佐之，反以爲佳。此與高人韵士，誤墮塵網中何异？

花棚石磴，小坐微醺。歌欲獨，尤欲細；茗欲頻，尤欲苦。

善默即是能語，用晦即是處明，混俗即是藏身，安心即是適境。

雖無泉石膏肓，烟霞痼疾，要識山中宰相，天際真人。

氣收自覺怒平，神斂自覺言簡，容人自覺味和，守靜自覺天寧。

處事不可不斬截，存心不可不寬舒，持己不可不嚴明，與人不可不和氣。

居不必無惡鄰，會不必無損友，惟在自持者兩得之。

要知自家是君子小人，只須五更頭檢點思想的是甚麼便得。

以理聽言，則中有主；以道窒欲，則心自清。

先淡後濃，先疏後親，先遠後近，交友道也。

苦惱世上，意氣須溫；嗜欲場中，肝腸欲冷。

形骸非親，何況形骸外之長物；大地亦幻，何況大地內之微塵。

人當涵擾，則心中之境界何堪？人遇清寧，則眼前之氣象自別。

寂而常惺，寂寂之境不擾。惺而常寂，惺惺之念不馳。

童子智少，愈少而愈完；成人智多，愈多而愈散。

無事便思有閒雜念頭否？有事便思有粗浮意氣否？得意便思有驕矜辭色否？失意便思有怨望情懷否？時時檢點得到：從多

入少，從有入無，纔是學問的真消息。

筆之用以月計，墨之用以歲計，硯之用以世計。筆最銳，墨次之，硯鈍者也。豈非銳者壽而動者夭耶？筆最動，墨次之，硯靜者也。豈非靜者壽而動者夭乎？于是得養生焉。以鈍爲體，以靜爲用，唯其然，是以能永年。

貧賤之人，一無所有，及臨命終時，脫一厭字；富貴之人，無所不有，及臨命終時，脫一戀字。富貴之人，帶一戀字，如釋重負。帶一戀字，如擔枷鎖。

透得名利關，方是小休歇；透得生死關，方是大休歇。

人欲求道，須于功名上鬧一鬧方心死。此是真實語。

病至，然後知無病之快；事來，然後知無事之樂。故禦病不如却病，完事不如省事。

諱貧者死于貧，勝心使之也；諱病者死于病，畏心蔽之也；諱愚者死于愚，痴心覆之也。

古之人，如陳玉石于市肆，瑕瑜不掩；今之人，如貨古玩于時賈，真偽難知。

士大夫損德處，多由立名心太急。

多躁者，必無沉潜之識；多畏者，必無卓越之見；多欲者，必無慷慨之節；多言者，必無篤實之心；多勇者，必無文學之雅。

剖去胸中荆棘，以便人我往來，是天下第一快活世界。

古來大聖大賢，寸針相對；世上閑言閑語，一筆勾銷。

揮灑以怡情，與其應酬，何如兀坐？書禮以達情，與其工巧，

何若直陳？棋局以適情，與其競勝，何若促膝？笑譚以怡情，與

其謔浪，何若狂歌？

拙之一字，免了無千罪過。閑之一字，討了無萬便宜。

斑竹半簾，惟我道心清似水；黃粱一夢，任他世事冷如冰。

欲住世出世，須知機息機。

書畫為柔翰，故開卷張册貴于從容；文酒為歡場，故對酒論

文忌于寂寞。

榮利造化，特以戲人，一毫着意，便屬桎梏。

士人不當以世事分讀書，當以讀書通世事。

天下之事，利害常相半。有全利而無小害者，惟書。

意在筆先，向庖羲細參易畫；慧生牙後，恍顏氏冷坐書齋。

明識紅樓爲無冢之丘壟，迷來認作捨生岩；真知舞衣爲暗動之兵戈，快去暫同試劍石。

調性之法，須當似養花天；居才之法，切莫如妒花雨。

事忌脫空，人怕落套。

烟雲堆裏，浪蕩子逐日稱仙；歌舞叢中，淫欲身幾時得度？

山窮鳥道，縱藏花谷少流鶯；路曲羊腸，雖覆柳蔭難放馬。

能于熱地思冷，則一世不受凄涼；能于淡處求濃，則終身不落枯槁。

會心之語，當以不解解之；無稽之言，是在不聽聽耳。

佳思忽來，書能下酒；俠情一往，雲可贈人。

藹然可親，乃自溢之冲和，妝不出溫柔軟款；翹然難下，乃生成之倔傲，假不得遜順從容。

風流得意，則才鬼獨勝頑仙；孽債為煩，則芳魂毒于虐祟。

極難處是書生落魄，最可憐是浪子白頭。

世路如冥，青天障蚩尤之霧；人情若夢，白日蔽巫女之雲。

密交定有夙緣，非以雞犬盟也；中斷知其緣盡，寧關妻菲間之。

堤防不築，尚難支移壑之虞；操守不嚴，豈能塞橫流之性。

發端無緒，歸結還自支離；入門一差，進步終成恍惚。

打諢隨時之妙法，休嫌終日昏昏；精明當事之禍機，却恨一生了了。

藏不得是拙，露不得是醜。

形同隽石，致勝冷雲，決非凡士；語學嬌鶯，能摹媚柳，定是弄臣。

開口輒生雌黃月旦之言，吾恐微言將絕，捉筆便驚。

風波肆險，以虛舟震撼，浪靜風恬；矛盾相殘，以柔指解分，兵銷戈倒。

豪杰向簡淡中求，神仙從忠孝上起。

人不得道，生死老病四字關，誰能透過？獨美人名將老病之狀，尤爲可憐。

日月如驚丸，可謂浮生矣，惟靜臥是小延年；人事如飛塵，可謂勞攘矣，惟靜坐是小自在。

平生不作皺眉事，天下應無切齒人。

暗室之一燈，苦海之三老；截疑網之寶劍，抉盲眼之金針。

攻取之情化，魚鳥亦來相親；悖戾之氣銷，世途不見可畏。

吉人安祥，即夢寐神魂，無非和氣；凶人狠戾，即聲音笑語，渾是殺機。

只要三個『必自反』。

天下無難處之事，只要兩個『如之何』？天下無難處之人，

能脫俗便是奇，不合污便是清。處巧若拙，處明若晦，處動若靜。

參玄借以見性，談道借以修真。

世人皆醒時作濁事，安得睡時有清身？若欲睡時得清身，須于醒時有清意。

好讀書非求身後之名，但异見异聞，心之所願。是以孜孜搜

討，欲罷不能，豈爲聲名勞七尺也。

一間屋，六尺地，雖沒莊嚴，却也精緻。蒲作團，衣作被，日裏可坐，夜間可睡。燈一盞，香一炷，石磬數聲，木魚幾擊。龕常關，門常閉，好人放來，惡人迴避。髮不除，葷不忌，道人心腸，儒者服制。不貪名，不圖利，了清静緣，作解脱計。無挂礙，無拘繫，閑便入來，忙便出去。省閑非，省閑氣，也不游方，也不避世。在家出家，在世出世。佛何人？佛何處？此即上乘，此即三昧。日復日，歲復歲，畢我這生，任他後裔。

草色花香，游人賞其真趣；桃開梅謝，達士悟其無常。

招客留賓，爲歡可喜，未斷塵世之扳援；澆花種樹，嗜好雖清，亦是道人之魔障。

人常想病時，則塵心便減。人常想死時，則道念自生。

入道場而隨喜，則修行之念勃興；登丘墓而徘徊，則名利之心頓盡。

鑠金玷玉，從來不乏乎讒人。洗垢索瘢，尤好求多于佳士。

止作秋風過耳，何妨尺霧障天。

真放肆不在飲酒高歌，假矜持偏于大庭賣弄。看明世事透，自然不重功名。認得當下真，是以常尋樂地。

富貴功名、榮枯得喪，人間驚見白頭；風花雪月、詩酒琴書，世外喜逢青眼。

欲不除，似蛾撲燈，焚身乃止；貪無了，如猩嗜酒，鞭血方休。

涉江湖者，然後知波濤之洶涌；登山岳者，然後知蹊徑之崎嶇。

人生待足何時足？未老得閒始是閒。

談空反被空迷，耽靜多爲靜縛。

舊無陶令酒巾，新撇張顛書草。何妨與世昏昏，只問吾心了了。

以書史爲園林，以歌咏爲鼓吹。以理義爲膏粱，以著述爲文綉。以誦讀爲菑畬，以記問爲居積。以前言往行爲師友，以忠信篤敬爲修持。以作善降祥爲因果，以樂天知命爲西方。

雲烟影裏見真身，始悟形骸爲桎梏；禽鳥聲中聞自性，方知情識是戈矛。

事理因人言而悟者，有悟還有迷，總不如自悟之了了；意興從外境而得者，有得還有失，總不如自得之休休。

白日欺人，難逃清夜之愧赧；紅顏失志，空遺皓首之悲傷。

定雲止水中，有鳶飛魚躍的景象；風狂雨驟處，有波恬浪靜的風光。

平地坦途，車豈無蹶？巨浪洪濤，舟亦可渡。料無事必有事，恐有事必無事。

富貴之家，常有窮親戚來往，便是忠厚。

朝市山林俱有事，今人忙處古人閑。

人生有書可讀，有暇得讀，有資能讀，又涵養之如不識字人，是謂善讀書者。享世間清福，未有過于此也。

世上人事無窮，越幹越做不了；我輩光陰有限，越閒越見清高。

兩刃相迎俱傷，兩強相敵俱敗。

我不害人，人不害我；人之害我，由我害人。

商賈不可與言義，彼溺于利；農工不可與言學，彼偏于業；俗儒不可與言道，彼謬于詞。

博覽廣識見，寡交少是非。

明霞可愛，瞬眼而輒空；流水堪聽，過耳而不戀。人能以明霞視美色，則業障自輕；人能以流水聽弦歌，則性靈何害？

休怨我不如人，不如我者常眾；休誇我能勝人，勝如我者更多。

人心好勝，我以勝應必敗；人情好謙，我以謙處反勝。

人言天不禁人富貴，而禁人清閑，人自不閑耳。若能隨遇而安，不圖將來，不追既往，不蔽目前，何不清閑之有？

暗室貞邪誰見，忽而萬口喧傳。自心善惡炯然，凜于四王考校。

寒山詩云：『有人來罵我，分明了了知。雖然不應對，却是得便宜。』此言宜深玩味。

恩愛，吾之仇也；富貴，身之累也。

馮諼之鋏彈老無魚，荊軻之筑擊來有淚。

以患難心居安樂，以貧賤心居富貴，則無往不泰矣；以淵谷視康莊，以疾病視強健，則無往不安矣。

有譽于前，不若無毀于後；有樂于身，不若無憂于心。

富時不儉貧時悔，潛時不學用時悔，醉後狂言醒時悔，安不將息病時悔。

寒灰內半星之活火，濁流中一線之清泉。

攻玉于石，石盡而玉出；淘金于沙，沙盡而金露。

乍交不可傾倒，傾倒則交不終；久與不可隱匿，隱匿則心必嶮。

丹之所藏者赤，墨之所藏者黑。

懶可臥，不可風。靜可坐，不可思。悶可對，不可獨。勞可酒，不可食。醉可睡，不可淫。

書生薄命原同妾，丞相憐才不論官。

少年靈慧，知抱夙根；今生冥頑，可卜來世。

撥開世上塵氛，胸中自無火炎冰兢；消却心中鄙吝，眼前時有月到風來。

塵緣割斷，煩惱從何處安身？世慮潛消，清虛向此中立脚。

市爭利，朝爭名，蓋棺日何物可殉蒿裏？春賞花，秋賞月，荷鋤時此身常醉蓬萊。

馴馬難追，吾欲三緘其口；隙駒易過，人當寸惜乎陰。

萬分廉潔止是小善，一點貪污便爲大惡。

衒奇之疾，醫以平易。英發之疾，醫以深沉。闊大之疾，醫以充實。

纔舒放即當收斂，纔言語便思簡默。

貧不足羞，可羞是貧而無志；賤不足惡，可惡是賤而無能；老不足嘆，可嘆是老而虛生；死不足悲，可悲是死而無補。

身要嚴重，意要閑定，色要溫雅，氣要和平，語要簡徐，心要光明，量要闊大，志要果毅，機要縝密，事要妥當。

富貴家宜學寬，聰明人宜學厚。

休委罪于氣化，一切責之人事；休過望于世間，一切求之我身。

世人白晝寐語，苟能寐中作白晝語，可謂常惺惺矣。

觀世態之極幻，則浮雲轉有常情；咀世味之皆空，則流水翻多濃旨。

大凡聰明之人，極是誤事，何以故？惟其聰明生意見，意見一生，便不忍捨割。往往溺于愛河欲海者，皆極聰明之人。

是非不到釣魚處，榮辱常隨騎馬人。

名心未化，對妻孥亦自矜莊；隱衷釋然，即夢寐皆成清楚。

觀蘇季子以貧窮得志，則負郭二頃田誤人實多；觀蘇季子以功名殺身，則武安六國印害人不淺。

名利場中，難容伶俐；生死路上，正要糊塗。

一杯酒留萬世名，不如生前一杯酒；身行樂耳，遑恤其他？百年人做千年調，至今誰是百年人？一棺戢身，萬事都已。

郊野非葬人之處，樓臺是爲丘墓；邊塞非殺人之場，歌舞是爲刀兵。試觀羅綺紛紛，何異旌旗密密？聽管弦冗冗，何異松柏蕭蕭？葬王侯之骨，能消幾處樓臺？落壯士之頭，經得幾翻歌舞？達者統爲一觀，愚人指爲兩地。

節義傲青雲，文章高白雪。若不以德性陶熔之，終爲血氣之私，技能之末。

我有功于人，不可念，而過則不可不念；人有恩于我，不可忘，而怨則不可不忘。

徑路窄處，留一步與人行；滋味濃時，減三分讓人嗜。此是涉世一極安樂法。

己情不可縱，當用逆之法制之，其道在一『忍』字。人情不可拂，當用順之法制之，其道在一『恕』字。

昨日之非不可留，留之則根燼復萌，而塵情終累乎理趣；今日之是不可執，執之則渣滓未化，而理趣反轉爲欲根。

文章不療山水癖，身心每被野雲羈。

卷二 情

語云：當爲情死，不當爲情怨。明乎情者，原可死而不可怨

者也。雖然既云『情』矣，此身已爲『情』有，又何忍死耶？然不

死終不透徹耳。韓翃之柳，崔護之花，漢宮之流葉，蜀女之飄梧，

令後世有情之人咨嗟想慕。托之語言，寄之歌咏，而奴無昆侖，

客無黃衫，知己無押衙，同志無虞候，則雖盟在海棠，終是陌路

蕭郎耳。集情第二。

家勝陽臺，爲歡非夢；人慚蕭史，相偶成仙。輕扇初開，忻看

笑靨；長眉始畫，愁對離妝。廣攝金屏，莫令愁擁；恒開錦幔，速

望人歸。鏡臺新去，應餘落粉；熏爐未徙，定有餘烟。泪滴芳衾，

錦花長濕；愁隨玉軫，琴鶴恒驚。錦水丹鱗，素書稀遠；玉山青

鳥，仙使難通。彩筆試操，香箋遂滿；行雲可托，夢想還勞。九重

鏡；勿使推窗獨坐，嫦娥笑人。

千日，詎想倡家；單枕一宵，便如浪子。當令照影雙來，一鸞羞

幾條楊柳，沾來多少啼痕；三叠《陽關》，唱徹古今離恨。

世無花月美人，不願生此世界。

荀令君至人家，坐處常香三日。

罄南山之竹，寫意無窮；決東海之波，流情不盡。愁如雲而

長聚，泪若水以難乾。

弄綠綺之琴，焉得文君之聽？濡彩毫之筆，難描京兆之眉。

瞻雲望月，無非淒愴之聲；弄柳拈花，盡是銷魂之處。

悲火常燒心曲，愁雲頻壓眉尖。

五更三四點，點點生愁；一日十二時，時時寄恨。

燕約鶯期，變作悲鳳泣；蜂媒蝶使，翻成綠慘紅愁。

花柳深藏淑女居，何殊三千弱水；雨雲不入襄王夢，空憶十

二巫山。

枕邊夢去心亦去，醒後夢還心不還。

萬里關河，鴻雁來時悲信斷；滿腔愁緒，子規啼處憶人歸。

千叠雲山千叠愁，一天明月一天恨。

豆蔻不消心上恨，丁香空結雨中愁。

月色懸空，皎皎明明，偏自照人孤另；蛩聲泣露，啾啾唧唧，

都來助我愁思。

慈悲筏濟人出相思海，恩愛梯接人下離恨天。

費長房縮不盡相思地，女媧氏補不完離恨天。

孤燈夜雨，空把青年誤。樓外青山無數，隔不斷新愁來路。

黃葉無風自落，秋雲不雨長陰。天若有情天亦老，搖搖幽恨難禁。惆悵舊人如夢，覺來無處追尋。

蛾眉未贖，謾勞桐葉寄相思；潮信難通，空向桃花尋往迹。

野花艷目，不必牡丹；村酒酣人，何須綠蟻。

琴罷輒舉酒，酒罷輒吟詩。三友遞相引，循環無已時。

阮籍鄰家少婦有美色，當壚沽酒。籍嘗詣飲，醉便臥其側。隔簾聞墮釵聲而不動念者，此人不痴則慧。我幸在不痴不慧中。

桃葉題情，柳絲牽恨。胡天胡帝，登徒于焉怡目；爲雲爲雨，宋玉因而蕩心。 輕泉刀若土壤，居然翠袖之朱家；重然諾如丘山，不忝紅妝之季布。

蝴蝶長懸孤枕夢，鳳凰不上斷弦鳴。

吳妖小玉飛作烟，越艷西施化爲土。

妙唱非關舌，多情豈在腰。

孤鴻翱翔以不去，浮雲黯靄而荏苒。

楚王宮裏，無不推其細腰；魏國佳人，俱言訝其纖手。

傳鼓瑟于楊家，得吹簫于秦女。

春草碧色，春水綠波。送君南浦，傷如之何？

玉樹以珊瑚作枝，珠簾以玳瑁爲柙。

東鄰巧笑，來侍寢于更衣；西子微顰，將橫陳于甲帳。

騁纖腰于結風，奏新聲于度曲，妝鳴蟬之薄鬢，照墮馬之垂

鬟。金星與婺女爭華，麝月共嫦娥競爽。驚鸞冶袖，時飄韓椽之

香；飛燕長裾，宜結陳王之佩。輕身無力，怯南陽之搗衣；生長

深宮，笑扶風之織錦。

青牛帳裏，餘曲既終；朱鳥窗前，新妝已竟。

山河綿邈，粉黛若新。椒華承彩，竟虛待月之簾；夸骨埋香，

誰作雙鸞之霧？

蜀紙麝媒添筆媚，越甌犀液發茶香。風飄亂點更籌轉，拍送

繁弦曲破長。

教移蘭燼頻羞影，自試香湯更怕深。初似染花難抑按，終憂

沃雪不勝任；豈知侍女簾幃外，剩取君王數餅金。

静中樓閣春深雨，遠處簾櫳半夜燈。

綠屏無睡秋分簟，紅葉傷時月午樓。

但覺夜深花有露，不知人静月當樓；何郎燭暗誰能咏？韓壽香薰亦任偷。

閬苑有書多附鶴，女墻無樹不栖鸞。星沉海底當窗見，雨過河源隔座看。

士。

當場笑語，盡如形骸外之好人；背地風波，誰是意氣中之烈

風階拾葉，山人茶竈勞薪；月徑聚花，素士吟壇綺席。

山翠撲簾，捲不起青葱一片；樹陰流徑，掃不開芳影幾層。

珠簾蔽月，翻窺窈窕之花；綺幔藏雲，恐礙扶疏之柳。

幽堂晝深，清風忽來好伴；虛窗夜朗，明月不減故人。

多恨賦花，風瓣亂侵筆墨；含情問柳，雨絲牽惹衣裾。

亭前楊柳，送盡到處游人；山下蘼蕪，知是何時歸路？

天涯浩緲，風飄四海之魂；塵土流離，灰染半生之劫。

蝶憩香風，尚多芳夢；鳥沾紅雨，不任嬌啼。

幽情化而石立，怨風結而冢青；千古空閨之感，頓令薄幸驚魂。

一片秋山，能療病客；半聲春鳥，偏喚愁人。

李太白酒聖，蔡文姬書仙，置之一時，絕妙佳偶。

華堂今日綺筵開，誰喚分司御史來？忽發狂言驚滿座，兩行紅粉一時回。

緣之所寄，一往而深。故人恩重，來燕子于雕梁；逸士情深，托鳧雛于春水。好夢難通，吹散巫山雲氣；仙緣未合，空探游女珠光。

桃花水泛，曉妝宮裏膩胭脂；楊柳風多，墮馬結中搖翡翠。

對妝則色殊，比蘭則香越。泛明彩于宵波，飛澄華于曉月。

紛弱葉而凝照，競新藻而抽英。

手巾還欲燥，愁眉即使開。逆想行人至，迎前含笑來。

透迤洞房，半入宵夢；窈窕閑館，方增客愁。

懸媚子于搔頭，拭釵梁于粉絮。

臨風弄笛，欄杆上桂影一輪；掃雪烹茶，籬落邊梅花數點。

銀燭輕彈，紅妝笑倚，人堪惜，情更堪惜；困雨花心，垂陰柳耳，

客堪憐，春亦堪憐。

肝膽誰憐，形影自爲管鮑。唇齒相濟，天涯孰是窮交？興言及此，輒欲再廣絕交之論，重作署門之句。

燕市之醉泣，楚帳之悲歌，岐路之涕零，窮途之慟哭，每一退念及此，雖在千載以後，亦感慨而興嗟。

陌上繁華，兩岸春風輕柳絮。閨中寂寞，一窗夜雨瘦梨花。

芳草歸遲，青驄別易。多情成戀，薄命何嗟！要亦人各有心，非關女德善怨。

山水花月之際，看美人更覺多韵。非美人借韵于山水花月也，山水花月直借美人生韵耳。

深花枝，淺花枝，深淺花枝相間時，花枝難似伊。巫山高，巫山低，暮雨瀟瀟郎不歸，空房獨守時。

青娥皓齒別吳倡，梅粉妝成半額黃。羅屏繡幔圍寒玉，帳裏

吹笙學鳳凰。

初彈如珠後如縷，一聲兩聲落花雨。訴盡平生雲水心，盡是

春花秋月語。

春嬌滿眼睡紅綃，掠削雲鬟旋妝束。飛上九天歌一聲，二十

五郎吹管篴。

琵琶新曲，無待石崇。箜篌雜引，非因曹植。

休文腰瘦，羞驚羅帶之頻寬。賈女容銷，懶照蛾眉之常鎖。

琉璃硯匣，終日隨身，翡翠筆床，無時離手。

清文滿篋，非惟芍藥之花；新製連篇，寧止葡萄之樹。

西蜀豪家，托情窮于魯殿；東臺甲館，流咏止于洞簫。

醉把杯酒，可以吞江南吳越之清風；拂劍長嘯，可以吸燕趙

秦隴之勁氣。

林花翻灑，乍飄揚于皋蘭。山禽嘲響，時弄聲于喬木。

長將姊妹叢中避，多愛湖山僻處行。

未知枕上曾逢女，可認眉尖與畫郎。

蘋風未冷催鴛別，沉檀合子留雙結。千縷愁絲只數圍，一片

香痕纏半節。

那忍重看娃鬢綠，終期一遇客衫黃。

金錢賜侍兒，暗囑教休話。

薄霧幾層推月出，好山無數渡江來。輪將秋動蟲先覺，換得

更深鳥越催。

花飛簾外憑箋訊，雨到窗前滴夢寒。

檣標遠漢，昔時魯氏之戈；帆影寒沙，此夜姜家之被。

填愁不滿吳娃井，剪紙空題蜀女祠。

良緣易合，紅葉亦可爲媒；知己難投，白璧未能獲主。

填平湘岸都栽竹，截住巫山不放雲。

鴨爲憐香死，鴛因泥睡痴。

紅印山痕春色微，珊瑚枕上見花飛。烟鬟潦亂香雲濕，疑向

襄王夢裏歸。

零亂如珠爲點妝，素輝乘月濕衣裳。只愁天酒傾如斗，醉却

環姿傍玉床。

有魂落紅葉，無骨鎖青鬟。

書題蜀紙愁難浣，雨歇巴山話亦陳。

盈盈相隔愁追隨，誰爲解語來香帷？

斜看兩鬢垂，儼似行雲嫁。

欲與梅花鬥寶妝，先開嬌艷逼寒香。只愁冰骨藏珠屋，不似

紅衣待玉郎。

縱教弄酒春衫浣，別有風流上眼波。

聽風聲以興思，聞鶴唳以動懷。企莊生之逍遙，慕尚子之清

曠。

燈結細花成穗落，淚題愁字帶痕紅。

無端飲却相思水，不信相思想殺人。

漁舟唱晚，響窮彭蠡之濱；雁陣驚寒，聲斷衡陽之浦。

四八

爽籟發而清風生，纖歌凝而白雲遏。

杏子輕紗初脫暖，梨花深院自多風。

今天下皆婦人矣，封疆縮其地，而中庭之歌舞猶喧；戰血枯其人，而滿座之貂蟬自若。我輩書生，既無誅亂討賊之柄，而一片報國之忱，惟于寸楮尺字間見之，使天下之鬚眉而婦人者，亦聳然有起色。集峭第三。

忠孝吾家之寶，經史吾家之田。

閑到白頭真是拙，醉逢青眼不知狂。

興之所到，不妨嘔出驚人；心故不然，也須隨場作戲。

放得俗人心下，方可為丈夫；放得丈夫心下，方名為仙佛；放得仙佛心下，方名為得道。

吟詩劣于講書，罵座惡于足恭。兩而揆之，寧為薄幸狂夫，不作厚顔君子。

觀人題壁，便識文章。

寧爲真士夫，不爲假道學；寧爲蘭摧玉折，不作蕭敷艾榮。

隨口利牙，不顧天荒地老；翻腸倒肚，那管鬼哭神愁。

身世浮名，余以夢蝶視之，斷不受肉眼相看。

達人撒手懸崖，俗子沉身苦海。

銷骨口中，生出蓮花九品；鑠金舌上，容他鸚鵡千言。

少言語以當貴，多著述以當富，載清名以當車，咀英華以當肉。

竹外窺鳥，樹外窺山，峰外窺雲，難道我有意無意；鶴來窺人，月來窺酒，雪來窺書，却看他有情無情。

體裁如何，出月隱山；情景如何，落日映嶼；氣魄如何，收露斂色；議論如何，回飆拂渚。

有大通必有大塞，無奇遇必無奇窮。

霧滿楊溪，玄豹山間偕日月；雲飛翰苑，紫龍天外借風雷。

西山霽雪，東岳含烟，駕鳳橋以高飛，登雁塔而遠眺。

一失脚爲千古恨，再回頭是百年人。

居軒冕之中，要有山林的氣味；處林泉之下，常懷廊廟的經綸。

學者有假兢業的心思，又要有假瀟灑的趣味。

平民種德施惠，是無位之公卿；仕夫貪財好貨，乃有爵的乞丏。

煩惱場空，身住清涼世界；營求念絕，心歸自在乾坤。

覷破興衰究竟，人我得失冰消；閱盡寂寞繁華，豪杰心腸灰冷。

名衲譚禪，必執經升座，便減三分禪理。

窮通之境未遭，主持之局已定；老病之勢未催，生死之關先破。

求之今人，誰堪語此。

一紙八行，不過寒溫之句；魚腹雁足，空有來往之煩。是以嵇康不作，嚴光口傳，豫章擲之水中，陳泰挂之壁上。

枝頭秋葉，將落猶然戀樹；檐前野鳥，除死方得離籠。人之處世，可憐如此。

士人有百折不回之真心，纔有萬變不窮之妙用。

立業建功，事事要從實地着脚，若少慕聲聞，便成僞果；講道修德，念念要從虛處立基，若稍計功效，便落塵情。

執拗者福輕，而圓融之人其禄必厚；操切者壽夭，而寬厚之士其年必長。故君子不言命，養性即所以立命；亦不言天，盡人自可以回天。

才智英敏者，宜以學問攝其躁；氣節激昂者，當以德性融其偏。

蒼蠅附驥，捷則捷矣，難辭處後之羞；蔦蘿依松，高則高矣，未免仰扳之耻。所以君子寧以風霜自挾，毋爲魚鳥親人。

伺察以爲明者，常因明而生暗，故君子以恬養智；奮迅以求速者，多因速而致遲，故君子以重持輕。

有面前之譽易，無背後之毀難；有乍交之歡易，無久處之厭難。

宇宙內事，要擔當，又要善擺脫。不擔當，則無經世之事業；不擺脫，則無出世之襟期。

待人而留有餘不盡之恩，可以維繫無厭之人心；御事而留有餘不盡之智，可以提防不測之事變。

無事如有事時提防，可以弭意外之變；有事如無事時鎮定，可以銷局中之危。

愛是萬緣之根，當知割捨；識是眾欲之本，要力掃除。

舌存常見齒亡，剛強終不勝柔弱；戶朽未聞樞蠹，偏執豈及乎圓融。

榮寵傍邊辱等待，不必揚揚；困窮背後福跟隨，何須戚戚？

看破有盡身軀，萬境之塵緣自息；悟入無懷境界，一輪之心月獨明。

霜天聞鶴唳，雪夜聽鷄鳴，得乾坤清絕之氣；晴空看鳥飛，活水觀魚戲，識宇宙活潑之機。

斜陽樹下，閑隨老衲清譚；深雪堂中，戲與騷人白戰。

山月江烟，鐵笛數聲，便成清賞；天風海濤，扁舟一葉，大是奇觀。

秋風閉戶，夜雨挑燈，臥讀《離騷》淚下；霽日尋芳，春宵載酒，閑歌《樂府》神怡。

雲水中載酒，松篁裏煎茶，豈必鑾坡侍宴；山林下著書，花

鳥間得句，何須鳳沼揮毫。

人生不好古，象鼎犧樽變爲瓦缶；世道不憐才，鳳毛麟角化

作灰塵。

要做男子，須負剛腸；欲學古人，當堅苦志。

風塵善病，伏枕處一片青山；歲月長吟，操觚時千篇《白

雪》。

親兄弟析箸，璧合翻作瓜分；士大夫愛錢，書香化爲銅臭。

心爲形役，塵世馬牛；身被名牽，樊籠鷄鶩。

懶見俗人，權辭托病；怕逢塵事，詭迹逃禪。

人不通古今，襟裾馬牛；士不曉廉耻，衣冠狗彘。

道院吹笙，松風裊裊；空門洗鉢，花雨紛紛。

囊無阿堵，豈便求人；盤有水晶，猶堪留客。

種兩頃附郭田，量晴較雨；尋幾個知心友，弄月嘲風。

着履登山，翠微中獨逢老衲；乘桴浮海，雪浪裏群傍閑鷗。

才士不妨泛駕，轅下駒吾弗願也；諍臣豈合模棱，殿上虎君無尤焉。

荷錢榆莢，飛來都作青蚨；柔玉溫香，觀想可成白骨。

旅館題蕉，一路留來魂夢譜；客途驚雁，半天寄落別離書。

歌兒帶烟霞之致，舞女具丘壑之資，生成世外風姿，不慣塵中物色。

今古文章，只在蘇東坡鼻端定優劣；一時人品，却從阮嗣宗眼内別雌黃。

魑魅滿前，笑著阮家《無鬼論》；炎囂閱世，愁披劉氏《北風圖》。氣奪山川，色結烟霞。

詩思在灞陵橋上，微吟處林岫便已浩然；野趣在鏡湖曲邊，獨往時山川自相映發。

至音不合眾聽，故伯牙絶弦；至寶不同眾好，故卞和泣玉。

看文字，須如猛將用兵，直是鏖戰一陣；亦如酷吏治獄，直是推勘到底，決不恕他。

名山乏侶，不解壁上芒鞋；好景無詩，虛携囊中錦字。

遼水無極，雁山參雲；閨中風暖，陌上草薰。

秋露如珠，秋月如珪。明月白露，光陰往來。與子之別，心思徘徊。

聲應氣求之夫，決不在于尋行數墨之士；風行水上之文，決不在于一字一句之奇。

借他人之酒杯，澆自己之塊壘。

春至不知湘水深，日暮忘却巴陵道。

奇曲雅樂，所以禁淫也﹔錦綉黼黻，所以禦暴也。縟則太過，是以檀卿刺鄭聲，周人傷北里。静若清夜之列宿，動若流彗之互奔。振駿氣以擺雷，飛雄光以倒電。

停之如栖鵠，揮之如驚鴻，飄纓蕤于軒幌，發暉曜于群龍。

始緣甍而冒棟，終開簾而入隙。初便娟于墀廡，未縈盈于帷席。

雲氣蔭于叢蓍，金精養于秋菊。落葉半床，狂花滿屋。

雨送添硯之水，竹供掃榻之風。

血三年而藏碧，魂一變而成紅。

舉黃花而乘月艷，籠黛葉而卷雲翹。

垂綸簾外，疑鈎勢之重懸；透影窗中，若鏡光之開照。

叠輕蕊而矜暖，布重泥而訝濕；迹似連珠，形如聚粒。

霄光分曉，出虛竇以雙飛；微陰合暝，舞低檐而并入。

任他極有見識，開得假認不得真；隨你極有聰明，賣得巧藏

不得拙。

傷心之事，即懦夫亦動怒髮；快心之舉，雖愁人亦開笑顏。

論官府不如論帝王，以佐史臣之不逮；談閨閫不如談艷麗，

以補風人之見遺。

是技皆可成名天下，惟無技之人最苦；片技即足自立天下，

惟多技之人最勞。

傲骨、俠骨、媚骨，即枯骨可致千金；冷語、雋語、韵語，即片

語亦重九鼎。

議生草莽無輕重，論到家庭無是非。

聖賢不白之衷，托之日月；天地不平之氣，托之風雷。

風流易蕩，佯狂易顛。

書載茂先三十乘，便可移家；囊無子美一文錢，盡堪結客。

有作用者，器宇定是不凡；有受用者，才情決然不露。

松枝自是幽人筆，竹葉常浮野客杯。

且與少年飲美酒，往來射獵西山頭。

瑤草與芳蘭而并茂，蒼松齊古柏以增齡。

好山當户天呈畫，古寺爲鄰僧報鐘。

群鴻戲海，野鶴游天。

卷四　靈

天下有一言之微而千古如新，一字之義而百世如見者，安可泯滅之？故風、雷、雨、露，天之靈；山、川、民、物，地之靈；語、言、文、字，人之靈。罕三才之用，無非一靈以神其間，而又何可泯滅之？集靈第四。

投刺空勞，原非生計；曳裾自屈，豈是交游？

事遇快意處當轉，言遇快意處當住。

儉為賢德，不可著意求賢；貧是美稱，只是難居其美。

志要高華，趣要淡泊。

眼裏無點灰塵，方可讀書千卷；胸中沒些渣滓，纔能處世一番。

眉上幾分愁，且去觀棋酌酒；心中多少樂，只來種竹澆花。

茅屋竹窗，貧中之趣，何須腳到李侯門；草帖畫譜，閑裏所需，直憑心游楊子宅。

好香用以熏德，好紙用以垂世，好筆用以生花，好墨用以煥彩，好茶用以滌煩，好酒用以消憂。

聲色娛情，何若淨几明窗，一坐息頃；利榮馳念，何若名山勝景，一登臨時。

竹籬茅舍，石屋花軒；松柏群吟，藤蘿翳景；流水繞戶，飛泉挂簷；烟霞欲栖，林壑將暝。中處野叟山翁四五，余以閑身作此中主人，坐沉紅燭，看遍青山，消我情腸，任他冷眼。

問婦索釀，甕有新芻；呼童煮茶，門臨好客。

花前解珮，湖上停橈；弄月放歌，采蓮高醉；晴雲微裊，漁笛滄浪；華勾一垂，江山共峙。

胸中有靈丹一粒，方能點化俗情，擺脫世故。

獨坐丹房，瀟然無事，烹茶一壺，燒香一炷，看《達磨面壁圖》，垂簾少頃，不覺心靜神清，氣柔息定，濛濛然如混沌境界，意者揖達磨與之乘槎而見麻姑也。

無端妖冶，終成泉下骷髏；有分功名，自是夢中蝴蝶。

累月獨處，一室蕭條，取雲霞爲伴侶，引青松爲心知。或稚子老翁，閑中來過，濁酒一壺，蹲鴟一盂，相共開笑口，所談浮生閑話，絶不及市朝。客去關門，了無報謝，如是畢餘生足矣。

半塢白雲耕不盡，一潭明月釣無痕。

茅檐外，忽聞犬吠雞鳴，恍似雲中世界；竹窗下，唯有蟬吟鵲噪，方知靜裏乾坤。

如今休去便休去，若覓了時無了時。若能行樂，即今便好快活。

身上無病，心上無事，春鳥是笙歌，春花是粉黛，閒得一刻，即爲一刻之樂，何必情欲乃爲樂耶？

開眼便覺天地闊，撾鼓非狂；林臥不知寒暑更，上床空算。

惟儉可以助廉，惟恕可以成德。

山澤未必有异士，异士未必在山澤。

業净六根成慧眼，身無一物到茅庵。

人生莫如閒，太閒反生惡業；人生莫如清，太清反類俗情。

不是一番寒徹骨，怎得梅花撲鼻香。念頭稍緩時，便莊誦一遍。

夢以昨日爲前身，可以今夕爲來世。

讀史要耐訛字，正如登山耐仄路，踏雪耐危橋，閒居耐俗漢，

看花耐惡酒，此方得力。

世外交情，惟山而已，須有大觀眼，濟勝具，久住緣，方許與

之爲莫逆。

九山散樵迹，俗間徜徉自肆，遇佳山水處，盤礴箕踞，四顧無

人，則划然長嘯，聲振林木。有客造榻與語，對曰：余方游華胥、

接羲皇，未暇理君語。客之去留，蕭然不以爲意。

擇地納涼，不若先除熱惱；；執鞭求富，何如急遣窮愁。

萬壑疏風清，兩耳聞世語，急須敲玉磬三聲；九天涼月净，初

心誦其經，勝似撞金鐘百下。

無事而憂，對景不樂，即自家亦不知是何緣故，這便是一座活地獄，更說甚麼銅床鐵柱，劍樹刀山也。

煩惱之場，何種不有，以法眼照之，奚啻蝎蹈空花。

上高山，入深林，窮回溪，幽泉怪石，無遠不到，到則拂草而坐，傾壺而醉，醉則更相枕藉以臥，意亦甚適，夢亦同趣。

閉門閱佛書，開門接佳客，出門尋山水：此人生三樂。

客散門扃，風微日落，碧月皎皎當空，花陰徐徐滿地。近檐鳥宿，遠寺鐘鳴，茶鐺初熟，酒瓮乍開，不成八韵新詩，畢竟一團俗氣。

不作風波于世上，自無冰炭到胸中。

秋月當天，纖雲都净，露坐空闊去處，清光冷浸此身，如在水晶宮裏，令人心膽澄澈。

遺子黃金滿籯，不如教子一經。

凡醉各有所宜：醉花宜晝，襲其光也；醉雪宜夜，清其思也；醉得意宜唱，宜其和也；醉將離宜擊鉢，壯其神也；醉文人宜謹節奏，畏其侮也；醉俊人宜益觥盂加旗幟，助其烈也；醉樓宜暑，資其清也；醉水宜秋，泛其爽也。此皆審其宜，考其景，反此則失飲矣。

竹風一陣，飄颺茶竈疏烟；梅月半灣，掩映書窗殘雪。

厨冷分山翠，樓空入水烟。

閑疏滯葉通鄰水，擬典荒居作小山。

聰明而修潔，上帝固錄清虛；文墨而貪殘，冥官不受辭賦。

破除煩惱，二更山寺木魚聲；見徹性靈，一點雲堂優鉢影。

興來醉倒落花前，天地即爲衾枕；機息忘懷盤石上，古今盡屬蜉蝣。

老樹着花，更覺生機鬱勃；秋禽弄舌，轉令幽興瀟疏。

完得心上之本來，方可言了心；盡得世間之常道，纔堪論出世。

實文人之深趣。

雪後尋梅，霜前訪菊，雨際護蘭，風外聽竹，固野客之閑情，

結一草堂，南洞庭月，北蛾眉雪，東泰岱松，西瀟湘竹，中具

晉高僧支法八尺沉香床，浴罷溫泉，投床鼾睡，以此避暑，詎不

樂乎？

人有一字不識，而多詩意；一偈不參，而多禪意；一勺不濡，而多酒意；一石不曉，而多畫意。淡宕故也。

以看世人青白眼轉而看書，則聖賢之真見識；以議論人雌黃口轉而論史，則左狐之真是非。

事到全美處，怨我者不能開指摘之端；行到至污處，愛我者不能施掩護之法。

必出世者，方能入世，不則世緣易墮；必入世者，方能出世，不則空趣難持。

調性之法，急則佩韋，緩則佩弦；諧情之法，水則從舟，陸則從車。

才人之行多放，當以正斂之；正人之行多板，當以趣通之。

人有不及，可以情恕；非義相干，可以理遣。佩此兩言，足以

游世。

冬起欲遲，夏起欲早，春睡欲足，午睡欲少。

無事當學白樂天之嗒然，有客宜仿李建勛之擊磬。

郊居誅茅結屋，雲霞栖梁棟之間，竹樹在汀洲之外，與二三

同調，望衡對宇，聯捷巷陌，風天雪夜，買酒相呼，此時覺麯生氣

味，十倍市飲。

萬事皆易滿足，惟讀書終身無盡，人何不以不知足一念加之

書？又云：讀書如服藥，藥多力自行。

醉後輒作草書十數行，便覺酒氣拂拂從十指中出去也。

書引藤爲架，人將薜作衣。

從江干溪畔箕踞石上，聽水聲，浩浩潺潺，鄰鄰冷冷，恰似一部天然之樂韵，疑有湘靈在水中鼓瑟也。

鴻中疊石，未論高下，但有木陰水氣，便自超絕。

段由夫携瑟就松風澗響之間，曰三者皆自然之聲，正合類聚。

高卧閑窗，綠陰清晝，天地何其寥廓也。

少學琴書，偶愛清净，開卷有得，便欣然忘食，見樹木交映，時鳥變聲，亦復歡然有喜，常言五六月，卧北窗下，遇涼風暫至，自謂羲皇上人。

空山聽雨，是人生如意事。聽雨必于空山破寺中，寒雨圍爐，可以燒敗葉，烹鮮笋。

鳥啼花落，欣然有會于心。遣小奴，挈癭樽，酤白酒，醋一梨

花瓷盞；急取詩卷，快讀一過以咽之，蕭然不知其在塵埃間也。

閉門即是深山，讀書隨處净土。

千巖競秀，萬壑爭流，草木蒙籠其上，若雲興霞蔚。

從山陰道上行，山川自相映發，使人應接不暇。若秋冬之

際，猶難爲懷。

欲見聖人氣象，須于自己胸中潔净時觀之。

執筆惟憑于手熟，爲文每事于口占。

箕踞于斑竹林中，徙倚于青礌石上，所有道笈梵書，或校讎

四五字，或參諷一兩章；茶不堪精，壺亦不燥；香不堪良，灰亦

不死；短琴無曲而有弦，長謳無腔而有音；激氣發于林樾，好風

逆之水涯；若非羲皇以上，定亦嵇阮之間。

聞人善，則疑之；聞人惡，則信之。此滿腔殺機也。

士君子盡心利濟，使海內少他不得，則天亦自然少他不得，即此便是立命。

讀書不獨變氣質，且能養精神，蓋理義收攝故也。

周旋人事後，當誦一部清淨經；吊喪問疾後，當念一遍扯淡歌。

山石不嫌于拙。

臥石不嫌于斜，立石不嫌于細，倚石不嫌于薄，盆石不嫌于巧，

雨過生涼，境閒情適，鄰家笛韵，與晴雲斷雨，逐聽之，聲聲入肺腸。

不惜費，必至于空乏而求人；不受享，無怪乎守財而遺誚。

園亭若無一段山林景况，只以壯麗相炫，便覺俗氣撲人。

餐霞吸露，聊駐紅顏；弄月嘲風，開銷白日。

清之品有五：睹標緻，發厭俗之心，見精潔，動出塵之想，名曰清興。知蓄書史，能親筆硯，布景物有趣，種花木有方，名曰清致。紙裹中窺錢，瓦瓶中藏粟，困頓于荒野，擯弃乎血屬，名曰清苦。指幽僻之耽，誇以爲高，好言動之異，標以爲放，名曰清狂。博極今古，適情泉石，文詞帶烟霞，行事絕塵俗，名曰清奇。

對棋不若觀棋，觀棋不若彈瑟，彈瑟不若聽琴。古云：但識琴中趣，何勞弦上音。斯言信然。

奕秋往矣，伯牙往矣，千百世之下，止存遺譜，似不能盡有益

于人。唯詩文字畫，足爲傳世之珍，垂名不朽。總之身後名，不若

生前酒耳。

君子雖不過信人，君子斷不過疑人。

人只把不如我者較量，則自知足。

折膠鑠石，雖累變于歲時；熱惱清涼，原只在于心境。所以

佛國都無寒暑，仙都長似三春。

鳥栖高枝，彈射難加；魚潛深淵，網釣不及；士隱岩穴，禍患

焉至？

于射而得揖讓，于棋而得征誅，于忙而得伊周，于閑而得巢

許，于醉而得瞿曇，于病而得老莊，于飲食衣服、出作入息而得

孔子。

前人云：晝短苦夜長，何不秉燭游。不當草草看過。

優人代古人語，代古人笑，代古人憤，今文人爲文似之。優人登臺肖古人，下臺還優人，今文人爲文又似之。假令古人見今文人，當何如憤，何如笑，何如語？

看書只要理路通透，不可拘泥舊説，更不可附會新説。

簡傲不可謂高，諂諛不可謂謙，刻薄不可謂嚴明，闒茸不可謂寬大。

唐説宋。

作詩能把眼前光景，胸中情趣，一筆寫出，便是作手，不必説

少年休笑老年顛，及到老時顛一般，只怕不到顛時老，老年何暇笑少年。

飢寒困苦，福將至已；飽飫宴游，禍將生焉。

打透生死關，生來也罷，死來也罷；參破名利場，得了也好，失了也好。

混迹塵中，高視物外；陶情杯酒，寄興篇咏；藏名一時，尚友千古。

痴矣狂客，酷好賓朋；賢哉細君，無違夫子。醉人盈座，簪裾半盡；酒家食客滿堂，瓶瓮不離米肆。燈火熒熒，且耽夜酌；爨烟寂寂，安問晨炊？生來不解攢眉，老去彌堪鼓腹。

皮囊速壞，神識常存，殺萬命以養皮囊，罪卒歸于神識。佛性無邊，經書有限，窮萬卷以求佛性，得不屬于經書。

人勝我無害，彼無蓄怨之心；我勝人非福，恐有不測之禍。

書屋前，列曲檻栽花，鑿方池浸月，引活水養魚；小窗下，焚

清香讀書，設淨几鼓琴，捲疏簾看鶴，登高樓飲酒。

人人愛睡，知其味者甚鮮，睡則雙眼一合，百事俱忘，肢體皆

適，塵勞盡消，即黃粱南柯，特餘事已耳。靜修詩云，『書外論交

睡最賢』，旨哉言也。

過分求福，適以速禍；安分遠禍，將自得福。

倚勢而凌人，勢敗而人凌；恃財而侮人，財散而人侮，循

環之道。我爭者，人必爭，雖極力爭之，未必得；我讓者，人必讓，

雖極力讓之，未必失。

貧不能享客而好結客，老不能徇世而好維世，窮不能買書而

好讀奇書。

滄海日，赤城霞，蛾眉雪，巫峽雲，洞庭月，瀟湘雨，彭蠡烟，廣陵濤，廬山瀑布，合宇宙奇觀，繪吾齋壁。少陵詩，摩詰畫，左傳文，馬遷史，薛濤箋，右軍帖，南華經，相如賦，屈子離騷，收古今絕藝，置我山窗。

偶飯淮陰，定萬古英雄之眼，自有一段真趣，紛擾不寧者，何能得此？醉題便殿，生千秋風雅之光，自有一番奇特，踽踽牖下者，豈易獲諸！

清閑無事，坐臥隨心，雖粗衣淡飯，但覺一塵不染；憂患纏身，繁擾奔忙，雖錦衣厚味，只覺萬狀苦愁。

我如爲善，雖一介寒士，有人服其德；我如爲惡，縱位極人臣，有人議其過。

讀理義書，學法帖字，澄心静坐，益友清談，小酌半醺，澆花種竹，聽琴玩鶴，焚香煮茶，泛舟觀山，寓意弈棋，雖有他樂，吾不易矣。

成名每在窮苦日，敗事多因得志時。

寵辱不驚，肝木自寧；動靜以敬，心火自定；飲食有節，脾土不泄；調息寡言，肺金自全；怡神寡欲，腎水自足。

讓利精于取利，逃名巧于邀名。

彩筆描空，筆不落色，而空亦不受染；利刀割水，刀不損鍔，而水亦不留痕。

唾面自乾，婁師德不失爲雅量；睚眦必報，郭象玄未免爲禍胎。

天下可愛的人，都是可憐人；天下可惡的人，都是可惜人。

事業文章，隨身銷毀，而精神萬古如新；功名富貴，逐世轉移，而氣節千載一日。

讀書到快目處，起一切沉淪之色；説話到洞心處，破一切曖昧之私。

諧臣媚子，極天下聰穎之人；秉正嫉邪，作世間忠直之氣。

隱逸林中無榮辱，道義路上無炎涼。

名心未化，對妻孥亦自矜莊；隱衷釋然，即夢寐會成清楚。

聞謗而怒者，讒之囮；見譽而喜者，佞之媒。

灘濁作畫，正如隔簾看月，隔水看花，意在遠近之間，亦文章法也。

藏錦于心，藏綉于口，藏珠玉于咳唾，藏珍奇于筆墨。得時則藏于冊府，不得時則藏于名山。

讀一篇軒快之書，宛見山青水白；聽幾句透徹之語，如看岳立川行。

讀書如竹外溪流，灑然而往；咏詩如蘋末風起，勃焉而揚。

子弟排場，有舉止而謝飛揚，難博纏頭之錦；主賓御席，務廉隅而少蘊藉，終成泥塑之人。

取凉于箑，不若清風之徐來；激水于槹，不若甘雨之時降。

有快捷之才而無所建用，勢必乘憤激之處，一逞雄風；有縱横之論而無所發明，勢必乘簧鼓之場，一恣餘力。

月榭凭欄，飛凌縹緲；雲房啓户，坐看氤氳。

發端無緒，歸結還自支離；入門一差，進步終成恍惚。

李納性辨急，酷尚弈棋，每下子安詳，極于寬緩。有時躁怒，

家人輩密以棋具陳于前，納睹之，便欣然改容，取子布算，都忘

其恚。

竹裏登樓，遠窺韵士，聆其談名理于坐上，而人我之相可忘；

花間掃石，時候棋師，觀其應危劫于枰間，而勝負之機早決。

六經爲庖厨，百家爲异饌，三墳爲瑚璉，諸子爲鼓吹，自奉得

無大奢，請客未必能享。

説得一句好言，此懷庶幾纔好；攬了一分閑事，此身永不得

閑。

古人特愛松風，庭院皆植松，每聞其響，欣然往其下，曰：此

可浣盡十年塵胃。

凡名易居，只有清名難居；凡福易享，只有清福難享。

賀蘭山外虛兮怨，無定河邊破鏡愁。

有書癖而無剪裁，徒號書厨；推名飲而少蘊藉，終非名飲。

飛泉數點雨非雨，空翠幾重山又山。

夜者日之餘，雨者月之餘，冬者歲之餘。當此三餘，人事稍疏，正可一意問學。

樹影橫床，詩思平凌枕上；雲華滿紙，字意隱躍行間。

耳目寬則天地窄，爭務短則日月長。

秋老洞庭，霜清彭澤。

聽靜夜之鐘聲，喚醒夢中之夢；觀澄潭之月影，窺見身外之

八八

身。

事有急之不白者，寬之或自明，毋躁急以速其忿；人有操之

不從者，縱之或自化，毋操切以益其頑。

士君子貧不能濟物者，遇人痴迷處，出一言提醒之；遇人急

難處，出一言解救之，亦是無量功德。

處父兄骨肉之變，宜從容，不宜激烈；遇朋友交游之失，宜

剴切，不宜優游。

問祖宗之德澤，吾身所享者是，當念其積累之難；問子孫之

福祉，吾身所貽者是，要思其傾覆之易。

韶光去矣，嘆眼前歲月無多，可惜年華如疾馬；長嘯歸與，

知身外功名是假，好將姓字任呼牛。

意慕古，先存古，未敢反古；心持世，外厭世，未能離世。

苦惱世上，度不盡許多痴迷漢，人對之腸熱，我對之心冷；

嗜欲場中，喚不醒許多伶俐人，人對之心冷，我對之腸熱。

自古及今，山之勝多妙于天成，每壞于人造。

畫家之妙，皆在運筆之先，運思之際，一經點染，便減神機。

長于筆者，文章即如言語；長于舌者，言語即成文章。昔人

謂丹青乃無言之詩，詩句乃有言之畫。余則欲丹青似詩，詩句無

言，方許各臻妙境。

舞蝶游蜂，忙中之閑，閑中之忙；落花飛絮，景中之情，情中

之景。

五夜雞鳴，喚起窗前明月；一覺睡醒，看破夢裏當年。

想到非非想，茫然天際白雲；明至無無明，渾矣臺中明月。

避暑深林，南風逗樹；脫帽露頂，沉李浮瓜；火宅炎宮，蓮花忽迸；較之陶潛臥北窗下，自稱羲皇上人，此樂過半矣。

霜飛空而漫霧，雁照月而猜弦。

既景華而凋彩，亦密照而疏明。若春隰之揚藹，似秋漢之含星。

景澄則岩岫開鏡，風生則芳樹流芬。

類君子之有道，入暗室而不欺；同至人之無迹，懷明義以應時。

一翻一覆兮如掌，一死一生兮若輪。

卷五　素

袁石公云：長安風雪夜，古廟冷鋪中，乞兒丐僧，齁齁如雷吼；而白氈老貴人，擁錦下帷，求一合眼不得。嗚呼！松間明月，檻外青山，未嘗拒人，而人人自拒者何哉？集素第五。

山水有真賞，不領會終為漫游；吟咏有真得，不解脫終為套語。

田園有真樂，不瀟灑終為忙人；誦讀有真趣，不玩味終為鄙夫；

居處寄吾生，但得其地，不在高廣；衣服被吾體，但順其時，不在紈綺；飲食充吾腹，但適其可，不在膏粱；宴樂修吾好，但致其誠，不在浮靡。

披卷有餘閑，留客坐殘良夜月；褰帷無別務，呼童耕破遠山雲。

琴觴自對，鹿豕爲群，任彼世態之炎凉，從他人情之反覆。

家居苦事物之擾，惟田舍園亭，別是一番活計。焚香煮茗，把

酒吟詩，不許胸中生冰炭。

客寓多風雨之懷，獨禪林道院，轉添幾種生機。染翰揮毫，翻

經問偈，肯教眼底逐風塵？

茅齋獨坐茶頻煮，七碗後氣爽神清；竹榻斜眠書漫抛，一枕

餘心閑夢穩。

帶雨有時種竹，關門無事鋤花；拈筆閑删舊句，汲泉幾試新

茶。

余嘗净一室，置一几，陳幾種快意書，放一本舊法帖，古鼎焚

香，素塵揮塵。意思小倦，暫休竹榻；餉時而起，則啜苦茗，信手

寫漢書幾行，隨意觀古畫數幅，心目間覺灑空靈，面上塵當亦撲

去三寸。

但看花開落，不言人是非。

莫戀浮名，夢幻泡影有限；且尋樂事，風花雪月無窮。

白雲在天，明月在地，焚香煮茗，閱偈翻經，俗念都捐，塵心

頓洗。

暑中嘗嘿坐，澄心閉目，作水觀久之，覺肌髮灑灑，几閣間似

有涼氣飛來。

胸中只擺脫一戀字，便十分爽净，十分自在。人生最苦處，

只是此心，沾泥帶水，明是知得，不能割斷耳。

無事以當貴，早寢以當富，緩步以當車，晚食以當肉，此巧于

處貧矣。

三月茶笋初肥，梅風未困；九月蓴鱸正美，秫酒新香。勝友

晴窗，出古人法書名畫，焚香評賞，無過此時。

高枕邱中，逃名世外，耕稼以輸王稅，采樵以奉親顏。新穀

既升，田家大洽，肥牸烹以享神，枯魚燔而召友。襄笠在戶，桔橰

空懸，濁酒相命，擊缶長歌，野人之樂足矣。

為市井草莽之臣，早輸國課；作泉石烟霞之主，日遠俗情。

覆雨翻雲何險也，論人情只合杜門；吟風弄月忽頹然，全天

真且須對酒。

春初玉樹參差，冰花錯落，瓊臺奇望，恍坐玄圃羅浮。若非

黄昏月下，携琴吟賞，杯酒留連，則暗香浮動、疏影橫斜之趣，何能有實際？

性不堪虛，天淵亦受鳶魚之擾；心能會境，風塵還結煙霞之娛。

身外有身，捉塵尾矢口閑談，真如畫餅；竅中有竅，向蒲團回心究竟，方是力田。

山中有三樂：薜荔可衣，不羨繡裳；蕨薇可食，不貪粱肉；箕踞散髮，可以逍遙。

終南當戶，鷄峰如碧笋左簇，退食時秀色紛紛墮盤，山泉繞窗入厨，孤枕夢回，驚聞雨聲也。

世上有一種痴人，所食閑茶冷飯，何名高致？

桑林麥隴，高下競秀，風搖碧浪層層，雨過綠雲繞繞。雄雌春陽，鳩呼朝雨，竹籬茅舍，間以紅桃白李，燕紫鶯黃，寓目色相，自多村家閑逸之想，令人便忘艷俗。

白雲滿谷，月照長空，洗足收衣，正是宴安時節。

眉公居山中，有客問山中何景最奇，曰：『雨後露前，花朝雪夜。』又問何事最奇，曰：『釣因鶴守，果遣猿收。』

古今我愛陶元亮，鄉里人稱馬子才。

嗜酒好睡，往往閉門；俯仰進趨，隨意所在。

霜水澄定，凡懸崖峭壁古木垂蘿，與片雲纖月一山映在波中，策杖臨之，心境俱清絕。

親不抬飯，雖大賓不宰牲，匪直戒奢侈而可久，亦將免煩勞以安身。

饑生陽火煉陰精，食飽傷神氣不升。

心苟無事，則息自調；念苟無欲，則中自守。

文章之妙：語快令人舞，語悲令人泣，語幽令人冷，語憐令人惜，語慎令人密，語怒令人按劍，語激令人投筆，語高令人入雲，語低令人下石。

溪響松聲，清聽自遠；竹冠蘭佩，物色俱閑。

鄙吝一銷，白雲亦可贈客；渣滓盡化，明月自來照人。

存心有意無意之妙，微雲淡河漢；應世不即不離之法，疏雨滴梧桐。

肝膽相照，欲與天下共分秋月；意氣相許，欲與天下共坐春風。

堂中設木榻四，素屏二，古琴一張，儒道佛書各數卷。樂天既來爲主，仰觀山，俯聽水，傍睨竹樹雲石，自辰及酉，應接不暇。俄而物誘氣和，外適內舒，一宿體寧，再宿心恬，三宿後頹然嗒然，不知其然而然。

偶坐蒲團，紙窗上月光漸滿，樹影參差，所見非色非空。此時雖名衲敲門，山童且勿報也。

會心處不必在遠，翳然林水，便自有濠濮間想，不覺鳥獸禽魚，自來親人。

茶欲白，墨欲黑；茶欲重，墨欲輕；茶欲新，墨欲舊。

馥噴五木之香，色冷冰蠶之錦。

築鳳臺以思避，構仙閣而入圓。

客過草堂問：『何感慨而甘栖遁？』余倦于對，但拈古句答曰：『得閑多事外，知足少年中。』問：『是何功課？』曰：『種花春掃雪，看籙夜焚香。』問：『是何利養？』曰：『硯田無惡歲，酒國有長春。』問：『是何還往？』曰：『有客來相訪，通名是伏義。』

山居勝于城市，蓋有八德：不責苛禮，不見生客，不混酒肉，不競田產，不聞炎涼，不鬧曲直，不徵文通，不談士籍。

采茶欲精，藏茶欲燥，烹茶欲潔。

茶見日而奪味，墨見日而色灰。

磨墨如病兒，把筆如壯夫。

園中不能辦奇花异石，惟一片樹陰，半庭蘚迹，差可會心忘形。友來或促膝劇論，或鼓掌歡笑，或彼談我聽，或彼默我喧，而賓主兩忘。

塵緣割斷，煩惱從何處安身；世慮潛消，清虛向此中立脚。

檐前綠蕉黄葵，老少葉，鷄冠花，布滿階砌。移榻對之，或枕石高眠，或捉塵清話。門外車馬之塵滾滾，了不相關。

夜寒坐小室中，擁爐閑話。渴則敲冰煮茗，飢則撥火煨芋。

阿衡五就，那如莘野躬耕；諸葛七擒，争似南陽抱膝？

飯後黑甜，日中薄醉，別是洞天；茶鐺酒臼，輕案繩床，尋常福地。

翠竹碧梧，高僧對弈；蒼苔紅葉，童子煎茶。

久坐神疲，焚香仰卧，偶得佳句，即令毛穎君就枕掌記，不則展轉失去。

和雪嚼梅花，羨道人之鐵脚；燒丹染香履，稱先生之醉吟。

燈下玩花，簾內看月，雨後觀景，醉裏題詩，夢中聞書聲，皆有別趣。

王思遠掃客坐留，不若杜門；孫仲益浮白俗談，足當洗耳。

鐵笛吹殘，長嘯數聲，空山答響；胡麻飯罷，高眠一覺，茂樹屯陰。

編茅爲屋，疊石爲階，何處風塵可到；據梧而吟，烹茶而話，此中幽興偏長。

皂囊白簡，被人描盡半生；黃帽青鞋，任我逍遙一世。

清閑之人不可惰其四肢，又須以閑人做閑事：臨古人帖，溫

昔年書，拂几微塵，洗硯宿墨，灌園中花，掃林中葉，覺體少倦，

放身匡床上，暫息半晌可也。

待客當潔不當侈，無論不能繼，亦非所以惜福。

葆真莫如少思，寡過莫如省事；善應莫如收心，解醪莫如澹

志。

世味濃，不求忙而忙自至；世味淡，不偷閑而閑自來。

盤餐一菜，永絕腥膻，飯僧宴客，何煩六甲行廚；茅屋三楹，

僅蔽風雨，掃地焚香，安用數童縛帚。

以儉勝貧，貧忘；以施代侈，侈化；以省去累，累消；以逆煉

心，心定。

净几明窗，一轴画，一囊琴，一隻鹤，一瓯茶，一爐香，一部法帖；小園幽徑，幾叢花，幾群鳥，幾區亭，幾拳石，幾池水，幾片閑雲。

花前無燭，松葉堪焚；石畔欲眠，琴囊可枕。

流年不復記，但見花開爲春，花落爲秋；終歲無所營，惟知日出而作，日入而息。

脱巾露頂，斑文竹籜之冠；倚枕焚香，半臂華山之服。

穀雨前後，爲和凝湯社；雙井白芽，湖州紫笋，掃臼滌鐺，徵泉選火。以王濛爲品司，盧仝爲執權，李贊皇爲博士，陸鴻漸爲都統。聊消渴吻，敢諱水淫，差取嬰湯，以供茗戰。

窗前落月，户外垂蘿，石畔草根，橋頭樹影，可立可卧，可坐可吟。

褻狎易契，日流于放蕩；莊厲難親，日進于規矩。

甜苦備嘗好丟手，世味渾如嚼蠟；生死事大急回頭，年光疾如跳丸。

若富貴由我力取，則造物無權；若毀譽隨人腳根，則讒夫得志。

清事不可着迹。若衣冠必求奇古，器用必求精良，飲食必求异巧，此乃清中之濁，吾以爲清事之一蠹。

吾之一身，嘗有少不同壯，壯不同老；吾之身後，焉有子能肖父，孫能肖祖？如此期，必屬妄想，所可盡者，惟留好樣與兒孫而已。

若想錢而錢來，何故不想；若愁米而米至，人固當愁。曉起

依舊貧窮，夜來徒多煩惱。

半窗一几，遠興閑思，天地何其寥闊也；清晨端起，亭午高

眠，胸襟何其洗滌也。

行合道義，不卜自吉；行悖道義，縱卜亦凶。人當自卜，不必

問卜。

奔走于權幸之門，自視不勝其榮，人竊以為辱；經營于利名

之場，操心不勝其苦，己反以為樂。

宇宙以來，有治世法，有傲世法，有維世法，有出世法，有垂

世法。唐虞垂衣，商周秉鉞，是謂治世；巢父洗耳，裘公瞑目，是

謂傲世；首陽輕周，桐江重漢，是謂維世；青牛度關，白鶴翔雲，

是謂出世；若乃魯儒一人，鄒傳七篇，始謂垂世。

書室中修行法：心閒手懶，則觀法帖，以其逐字放置也；手閒心懶，則治迂事，以其可作可止也；心手俱閒，則寫字作詩文，以其可以兼濟也；心手俱懶，則坐睡，以其不強役于神也；心不甚定，宜看詩及雜短故事，以其易于見意不滯于久也；心閒無事，宜看長篇文字，或經注，或史傳，或古人文集，此又甚宜于風雨之際及寒夜也。又曰：『手冗心閒則思，心冗手閒則卧，心手俱閒，則著作書字，心手俱冗，則思早畢其事，以寧吾神。』

片時清暢，即享片時；半景幽雅，即娛半景；不必更起姑待之心。

一室經行，賢于九衢奔走；六時禮佛，清于五夜朝天。

詩。

會意不求多，數幅晴光摩詰畫；知心能有幾，百篇野趣少陵

散。

醇醪百斛，不如一味太和之湯；良藥千包，不如一服清凉之

張。

閑暇時，取古人快意文章，朗朗讀之，則心神超逸，鬚眉開

修淨土者，自淨其心，方寸居然蓮界；學禪坐者，達禪之理，

大地盡作蒲團。

衡門之下，有琴有書，載彈載咏，爰得我娛。豈無他好？樂

是幽居。

朝爲灌園，夕偃蓬廬。

因葺舊廬，疏渠引泉，周以花木，日哦其間。故人過逢，瀹茗弈棋，杯酒淋浪，其樂殆非塵中有也。

逢人不說人間事，便是人間無事人。

閑居之趣，快活有五：不與交接，免拜送之禮，一也；終日觀書鼓琴，二也；睡起隨意，無有拘礙，三也；不聞炎凉囂雜，四也；能課子耕讀，五也。

雖無絲竹管弦之盛，一觴一咏，亦足以暢叙幽情。

獨卧林泉，曠然自適，無利無營，少思寡欲，修身出世法也。

茅屋三間，木榻一枕，燒清香，啜苦茗，讀數行書，懶倦便高卧松梧之下，或科頭行吟。日常以苦茗代肉食，以松石代珍奇，以琴書代益友，以著述代功業，此亦樂事。

挾懷樸素，不樂權榮；栖遲僻陋，忽略利名；葆守恬淡，希時安寧；晏然閑居，時撫瑤琴。

人生自古七十少，前除幼年後除老，中間光景不多時，又有陰晴與煩惱。到了中秋月倍明，到了清明花更好，花前月下得高歌，急須漫把金樽倒。世上財多賺不盡，朝裏官多做不了。官大錢多身轉勞，落得自家頭白蚤。請君細看眼前人，年年一分埋青草。草裏多多少少墳，一年一半無人掃。

飢乃加餐，菜食美于珍味；倦然後卧，草蓐勝似重裀。

流水相忘游魚，游魚相忘流水，即此便是天機；太空不礙浮雲，浮雲不礙太空，何處別有佛性？

頗懷古人之風，愧無素屏之賜，則青山白雲，何在非我枕屏？

江山風月，本無常主，閑者便是主人。

入室許清風，對飲惟明月。

被衲持鉢，作髮僧行徑，以雞鳴當檀越，以枯管當筇杖，以飯顆當祇園，以岩雲野鶴當伴侶，以背錦奚奴當行腳頭陀，往探六奇峰，三三曲水。

山房置一鐘，每于清晨良宵之下，用以節歌，令人朝夕清心，動念和平。李禿謂：『有雜想，一擊遂忘；有愁思，一撞遂掃。』知音哉！

潭澗之間，清流注瀉，千岩競秀，萬壑爭流。却自胸無宿物，漱清流，令人濯濯清虛。日來非惟使人情開滌，可謂一往有深情。

林泉之漵，風飄萬點，清露晨流，新桐初引，蕭然無事，閑掃

落花，足散人懷。

浮雲出岫，絕壁天懸，日月清朗，不無微雲點綴。看雲飛軒軒

霞舉，踞胡床與友人咏謔，不復滓穢太清。

山房之磬，雖非綠玉，沉明輕清之韵，盡可節清歌洗俗耳。山

居之樂，頗愜冷趣，煨落葉為紅爐，況負暄于岩戶。土鼓催梅，荻

灰暖地，雖潛凛以蕭索，見素柯之凌歲。同雲不流，舞雪如醉，野

因曠而冷舒，山以静而不晦。枯魚在懸，濁酒已注，朋徒我從，寒

盟可固，不驚歲暮于天涯，即是挾纊于孤嶼。

步障錦千層，氍毹紫萬叠，何似編葉成幬，聚茵為褥？綠陰

流影清入神，香氣氤氲徹入骨，坐來天地一時寬，閑放風流曉清

福。

送春而血泪满腮，悲秋而红颜惨目。

翠羽欲流，碧云为飏。

郊中野坐，固可班荆；径里闲谈，最宜拂石。侵云烟而独冷，

移开清啸胡床；藉草木以成幽，撤去庄严莲界。况乃枕琴夜奏，

逸韵更扬；置局午敲，清声甚远。洵幽栖之胜事，野客之虚位

也。

饮酒不可认真，认真则大醉，大醉则神魂昏乱。在《书》为

『沉湎』，在《诗》为『童羖』，在《礼》为『豢豕』，在《史》为

『狂药』。何如但取半酣，与风月为侣？

家鸳鸯湖滨，饶蒹葭凫鹭，水月澹荡之观。客啸渔歌，风帆烟

艇，虛無出沒，半落几上，呼野衲而泛斜陽，無過此矣！

雨後捲簾看霽色，却疑苔影上花來。

月夜焚香，古桐三弄，便覺萬慮都忘，妄想盡絕。試看香是何味，烟是何色，穿窗之白是何影，指下之餘是何音，恬然樂之而悠然忘之者是何趣，不可思量處是何境？

貝葉之歌無礙，蓮花之心不染。

河邊共指星爲客，花裏空瞻月是卿。

人之交友，不出趣味兩字，有以趣勝者，有以味勝者。然寧饒于味，而無饒于趣。

守恬淡以養道，處卑下以養德，去嗔怒以養性，薄滋味以養氣。

吾本薄福人，宜行惜福事；吾本薄德人，宜行厚德事。

知天地皆逆旅，不必更求順境；視眾生皆眷屬，所以轉成冤家。

只宜于着意處寫意，不可向真景處點景。

只愁名字有人知，澗邊幽草；若問清盟誰可托，沙上閑鷗。

山童率草木之性，與鶴同眠；奚奴領歌咏之情，檢韵而至。閉戶讀書，絶勝入山修道；逢人説法，全輸兀坐捫心。

硯田登大有，雖千倉珠粟，不輸兩稅之征；文錦運機杼，縱萬軸龍文，不犯九重之禁。

步明月于天衢，覽錦雲于江閣。

幽人清課，詎但啜茗焚香；雅士高盟，不在題詩揮翰。

以養花之情自養，則風情日閑；以調鶴之性自調，則真性自

美。

熱湯如沸，茶不勝酒；幽韵如雲，酒不勝茶。酒類俠，茶類

隱。酒固道廣，茶亦德素。

老去自覺萬緣都盡，那管人是人非；春來倘有一事關心，只

在花開花謝。

是非場裏，出入逍遙；順逆境中，縱橫自在。竹密何妨水過，

山高不礙雲飛。

口中不設雌黄，眉端不挂煩惱，可稱烟火神仙；隨意而栽花

柳，適性以養禽魚，此是山林經濟。

午睡欲來，頹然自廢，身世庶幾渾忘；晚炊既收，寂然無營，

烟火聽其更舉。

花開花落春不管，拂意事休對人言；水暖水寒魚自知，會心處還期獨賞。

心地上無風濤，隨在皆青山綠水；性天中有化育，觸處見魚躍鳶飛。

寵辱不驚，閑看庭前花開花落；去留無意，謾隨天外雲卷雲舒。

斗室中萬慮都捐，説甚畫棟飛雲，珠簾捲雨；三杯後一真自得，誰知素弦橫月，短笛吟風。

得趣不在多，盆池拳石間，烟霞具足；會景不在遠，蓬窗竹屋下，風月自賒。

會得個中趣，五湖之烟月盡入寸衷；破得眼前機，千古之英雄都歸掌握。

細雨閑開卷，微風獨弄琴。

水流任意景常静，花落雖頻心自閑。

殘曛供白醉，傲他附熱之蛾；一枕餘黑甜，輸却分香之蝶。閑

爲水竹雲山主，静得風花雪月權。

半幅花箋入手，剪裁就臘雪春冰；一條竹杖隨身，收拾盡燕

雲楚水。

心與竹俱空，問是非何處安覺；貌偕松共瘦，知憂喜無由上

眉。

芳菲林圃看蜂忙，覷破幾多塵情世態；寂寞衡茅觀燕寢，發

起一種冷趣幽思。

何地非真境，何物非真機？芳園半畝，便是舊金谷；流水一灣，便是小桃源。林中野鳥數聲，便是一部清鼓吹；溪上閑雲幾片，便是一幅真畫圖。

人在病中，百念灰冷，雖有富貴，欲享不可，反羨貧賤而健者。是故人能于無事時常作病想。一切名利之心，自然掃去。

竹影入簾，蕉陰蔭檻，取蒲團一臥，不知身在冰壺鮫室。

萬壑松濤，喬柯飛穎，風來鼓颼，謖謖有秋江八月聲，迢遞幽岩之下，披襟當之，不知是羲皇之人。

霜降木落時，入疏林深處，坐樹根上，飄飄葉點衣袖，而野鳥從梢飛來窺人。荒涼之地，殊有清曠之致。

明窗之下，羅列圖史琴尊以自娛。有興則泛小舟，吟嘯覽古

一二〇

于江山之間。渚茶野釀，足以消憂；蒪鱸稻蟹，足以適口。又多高僧隱士，佛廟絕勝。家有園林，珍花奇石，曲沼高臺，魚鳥流連，不覺日暮。

山中蒔花種草，足以自娛，而地樸人荒，泉石都無，絲竹絕響，奇士雅客亦不復過，未免寂寞度日。然泉石以水竹代，絲竹以鶯舌蛙吹代，奇士雅客以蠹簡代，亦略相當。

閑中覓伴書為上，身外無求睡最安。

栽花種竹，未必果出閑人；對酒當歌，難道便稱俠士？

虛堂留燭，抄書尚存老眼；有客到門，揮麈但說青山。

千人亦見，百人亦見，斯為拔萃出類之英雄；三日不舉火，十年不製衣，殆是樂道安貧之賢士。

帝子之望巫陽，遠山過雨；王孫之別南浦，芳草連天。

室距桃源，晨夕恒滋蘭茞；門開杜徑，往來惟有羊裘。

枕長林而披史，松子爲餐；入豐草以投閑，蒲根可服。

一泓溪水柳分開，盡道清虛攬破；三月林光花帶去，莫言香

分消殘。

荊扉晝掩，閑庭宴然，行雲流水襟懷；隱不違親，貞不絕俗，

太山喬岳氣象。

窗前獨榻頻移，爲親夜月；壁上一琴常挂，時拂天風。

蕭齋香爐，書史酒器俱捐；北窗石枕，松風茶鐺將沸。

明月可人，清風披坐，班荊問水，天涯韵士高人；下箸佐觴，

品外澗毛溪藪，主之榮也。高軒寒戶，肥馬嘶門，命酒呼茶，聲勢

驚神震鬼；疊筵累几，珍奇罄地窮天，客之辱也。

賀函伯坐徑山竹裏，鬚眉皆碧；王長公龕杜鵑樓下，雲母都

紅。

坐茂樹以終日，濯清流以自潔。采于山，美可茹；釣于水，鮮

可食。

年年落第，春風徒泣于遷鶯；處處羈游，夜雨空悲于斷雁。

金壺霏潤，瑤管春容。

菜甲初長，過于酥酪。寒雨之夕，呼童摘取，佐酒夜談，嗅其

清馥之氣，可滌胸中柴棘，何必純灰三斛！

暖風春坐酒，細雨夜窗棋。

秋冬之交，夜靜獨坐，每聞風雨瀟瀟，既淒然可愁，亦復悠然

可喜。至酒醒燈昏之際，尤難爲懷。

長亭烟柳，白髮猶勞，奔走可憐名利客；野店溪雲，紅塵不到，逍遥時有牧樵人。天之賦命實同，人之自取則异。

富貴大是能俗人之物，使吾輩當之，自可不俗。然有此不俗胸襟，自可不富貴矣。

風起思蒓，張季鷹之胸懷落落；春回到柳，陶淵明之興致翩翩。然此二人，薄宦投簪，吾猶嗟其太晚。

黄花紅樹，春不如秋；白雪青松，冬亦勝夏。春夏園林，秋冬山谷，一心無累，四季良辰。

聽牧唱樵歌，洗盡五年塵土腸胃；奏繁弦急管，何如一派山水青音？

子然一身，蕭然四壁，有識者當此，雖未免以冷淡成愁，斷不以寂寞生悔。

從五更枕席上參看心體，心未動，情未萌，纔見本來面目；向三時飲食中諳練世味，濃不欣，淡不厭，方爲切實功夫。

瓦枕石榻，得趣處下界有仙；木食草衣，隨緣時西方無佛。

當樂境而不能享者，畢竟是薄福之人；當苦境而反覺甘者，方纔是真修之士。

半輪新月數竿竹，千卷藏書一盞茶。

偶向水村江郭，放不繫之舟；還從沙岸草橋，吹無孔之笛。

物情以常無事爲歡顏，世態以善托故爲巧術。

善救時，若和風之消酷暑；能脫俗，似淡月之映輕雲。

廉所以懲貪，我果不貪，何必標一廉名，以來貪夫之側目；

讓所以息爭，我果不爭，又何必立一讓名，以致暴客之彎弓？

曲高每生寡和之嫌，歌唱須求同調；眉修多取入宮之妒，梳

洗切莫傾城。

隨緣便是遣緣，似舞蝶與飛花共適；順事自然無事，若滿月

偕盆水同圓。

耳根似飆谷投響，過而不留，則是非俱謝；心境如月池浸

色，空而不着，則物我兩忘。

心事無不可對人語，則夢寐俱清；行事無不可使人見，則飲

食俱穩。

卷六　景

結廬松竹之間，閑雲封戶；徙倚青林之下，花瓣沾衣。芳草盈階，茶烟幾縷；春光滿眼，黃鳥一聲。此時可以詩，可以畫，而正恐詩不盡言，畫不盡意。而高人韻士，能以片言數語盡之者，則謂之詩可，謂之畫可，則謂高人韻士之詩畫亦無不可。集景第六。

花關曲折，雲來不認灣頭；草徑幽深，落葉但敲門扇。

細草微風，兩岸晚山迎短棹；垂楊殘月，一江春水送行舟。

草色伴河橋，錦纜曉牽三竺雨；花陰連野寺，布帆晴挂六橋烟。

閑步畎畝間，垂柳飄風，新秧翻浪；耕夫荷農器，長歌相應；

牧童稚子，倒騎牛背，短笛無腔，吹之不休，大有野趣。

夜闌人靜，攜一童立于清溪之畔，孤鶴忽唳，魚躍有聲，清入肌骨。

垂柳小橋，紙窗竹屋，焚香燕坐，手握道書一卷。客來則尋常茶具，本色清言，日暮乃歸，不知馬蹄為何物。

門內有徑，徑欲曲；徑轉有屏，屏欲小；屏進有階，階欲平；階畔有花，花欲鮮；花外有牆，牆欲低；牆內有松，松欲古；松底有石，石欲怪；石面有亭，亭欲樸；亭後有竹，竹欲疏；竹盡有室，室欲幽；室旁有路，路欲分；路合有橋，橋欲危；橋邊有樹，樹欲高；樹陰有草，草欲青；草上有渠，渠欲細；渠引有泉，泉欲瀑；泉去有山，山欲深；山下有屋，屋欲方；屋角有圃，圃

欲寬；圃中有鶴，鶴欲舞；鶴報有客，客不俗；客至有酒，酒欲

不却；酒行有醉，醉欲不歸。

清晨林鳥爭鳴，喚醒一枕春夢。獨黃鸝百舌，抑揚高下，最可

人意。

高峰入雲，清流見底；兩岸石壁，五色交輝；青林翠竹，四時

俱備；曉霧將歇，猿鳥亂鳴；日夕欲頹，沉鱗競躍，實欲界之仙

都。自唐樂以來，未有能與其奇者。

曲徑烟深，路接杏花酒舍；澄江日落，門通楊柳漁家。

長松怪石，去墟落不下一二十里。鳥徑緣崖，涉水于草莽間。

數四左右，兩三家相望，鷄犬之聲相聞。竹籬草舍，燕處其間，蘭

菊藝之，霜月春風，日有餘思。臨水時種桃梅，兒童婢僕皆布衣

短褐，以給薪水，釀村酒而飲之。案有詩書、莊周、太玄、楚辭、黃庭、陰符、楞嚴、圓覺，數十卷而已。杖藜躡屐，往來窮谷大川，聽流水，看激湍，鑒澄潭，步危橋，坐茂樹，探幽壑，升高峰，不亦樂乎！

天氣晴朗，步出南郊野寺，沽酒飲之。半醉半醒，携僧上雨花臺，看長江一綫，風帆搖拽，鍾山紫氣，掩映黃屋，景趣滿前，應接不暇。

净掃一室，用博山爐爇沉水香，香烟縷縷，直透心竅，最令人精神凝聚。

每登高丘，步邃谷，延留燕坐，見懸崖瀑流，壽木垂蘿，悶邃岑寂之處，終日忘返。

一三〇

每遇勝日有好懷，袖手哦古人詩足矣。青山秀水，到眼即可

舒嘯，何必居籬落下，然後爲己物？

柴門不扃，筠簾半捲，梁間紫燕，呢呢喃喃，飛出飛入。山人

以嘯咏佐之，皆各適其性。

風晨月夕，客去後，蒲團可以雙跏；烟島雲林，興來時，竹杖

何妨獨往？

三徑竹間，日華澹澹，固野客之良辰；一偏窗下，風雨瀟瀟，

亦幽人之好景。

喬松十數株，修竹千餘竿；青蘿爲墙垣，白石爲鳥道；流水

周于舍下，飛泉落于檐間；綠柳白蓮，羅生池砌：時居其中，無

不快心。

人冷因花寂，湖虚受雨喧。

有屋數間，有田數畝；用盆爲池，以瓮爲牖；墙高于肩，室大于斗。布被暖餘，藜藿飽後，氣吐胸中，充塞宇宙；筆落人間，輝映瓊玖。人能知止，以退爲茂；我自不出，何退之有？心無妄想，足無妄走；人無妄交，物無妄受。炎炎論之，甘處其陋；綽綽言之，無出其右。羲軒之書，未嘗去手；堯舜之談，未嘗離口。譚中和天，同樂易友；吟自在詩，飲歡喜酒。百年升平，不爲不偶；七十康強，不爲不壽。

中庭蕙草銷雪，小苑梨花夢雲。

以江湖相期，烟霞相許；付同心之雅會，托意氣之良游。或閉戶讀書，累月不出；或登山玩水，竟日忘歸。斯賢達之素交，蓋千秋之一遇。

蔭映岩流之際，偃息琴書之側，寄心松竹，取樂魚鳥，則淡泊之願，于是畢矣。

庭前幽花時發，披覽既倦，每啜茗對之。香色撩人，吟思忽起，遂歌一古詩，以適清興。

凡靜室，須前栽碧梧，後種翠竹，前檐放步，北用暗窗，春冬閉之，以避風雨，夏秋可開，以通涼爽。然碧梧之趣，春冬落葉，以舒負暄融和之樂，夏秋交蔭，以蔽炎爍蒸烈之威。四時得宜，莫此為勝。

家有三畝園，花木鬱鬱。客來煮茗，談上都貴游、人間可喜事，或茗寒酒冷，賓主相忘。其居與山谷相望，暇則步草徑相尋。

良辰美景，春暖秋涼。負杖躡履，逍遙自樂。臨池觀魚，披林聽鳥；酌酒一杯，彈琴一曲；求數刻之樂，庶幾居常以待終。築室數楹，編槿爲籬，結茅爲亭。以三畝蔭竹樹栽花果，二畝種蔬菜，四壁清曠，空諸所有。蓄山童灌園薙草，置二三胡床着亭下，挾書劍以伴孤寂，携琴弈以遲良友，此亦可以娱老。

一徑陰開，勢隱蛇蟺之致，雲到成迷；半閣孤懸，影回縹緲之觀，星臨可摘。

幾分春色，全憑狂花疏柳安排；一派秋容，總是紅蓼白蘋妝點。

南湖水落，妝臺之明月猶懸；西郭烟銷，綉楊之彩雲不散。

秋竹沙中淡，寒山寺裏深。

野曠天低樹，江清月近人。

潭水寒生月，松風夜帶秋。

春山艷冶如笑，夏山蒼翠如滴，秋山明淨如妝，冬山慘淡如睡。

眇眇乎春山，淡冶而欲笑；翔翔乎空絲，綽約而自飛。

盛暑持蒲，榻鋪竹下，卧讀《騷》《經》，樹影篩風，濃陰蔽日，叢竹蟬聲，遠遠相續，蘧然入夢，醒來命取櫛櫛髮，汲石澗流泉，烹雲芽一啜，覺兩腋生風。徐步草玄亭，芰荷出水，風送清香，魚戲冷泉，凌波跳擲。因涉東皋之上，四望溪山罨畫，平野蒼翠。激氣發于林瀑，好風送之水涯，手揮塵尾，清興灑然。不待法雨涼雪，使人火宅之念都冷。

山曲小房，入園窈窕幽徑，綠玉萬竿。中匯澗水爲曲池，環池竹樹雲石，其後平岡逶迤，古松鱗鬣，松下皆灌叢雜木，蔦蘿駢織，亭榭翼然。夜半鶴唳清遠，恍如宿花塢。間聞哀猿啼嘯，嘹嚦驚霜，初不辨其爲城市爲山林也。

一抹萬家，烟橫樹色，翠樹欲流，淺深間布，心目競觀，神情爽滌。

萬里澄空，千峰開霽，山色如黛，風氣如秋，濃陰如幕，烟光如縷，笛響如鶴唳，經颸如咿唔，温言如春絮，冷語如寒冰，此景不應虛擲。

山房置古琴一張，質雖非紫瓊綠玉，響不在焦尾號鐘，置之石床，快作數弄。深山無人，水流花開，清絕冷絕。

密竹軼雲，長林蔽日，淺翠嬌青，籠烟惹濕。構數椽其間，竹樹爲籬，不復葺垣。中有一泓流水，清可漱齒，曲可流觴，放歌其間，離披蒨鬱，神滌意閒。

抱影寒窗，霜夜不寐，徘徊松竹下。四山月白，露墜冰柯，相與咏李白《靜夜思》，便覺冷然，寒風就寢，復坐蒲團，從松端看月，煮茗佐談，竟此夜樂。

雲晴靉靆，石楚流滋。狂飆忽捲，珠雨淋漓。黃昏孤燈明滅，山房清曠，意自悠然。夜半松濤驚颭，蕉園鳴琅，竅坎之聲，疏密間發，愁樂交集，足寫幽懷。

四林皆雪，登眺時見絮起風中，千峰堆玉，鴉翻城角，萬壑鋪銀。無樹飄花，片片繪子瞻之壁；不妝散粉，點點糝原憲之羹。

飛霰入林，回風折竹，徘徊凝覽，以發奇思。畫冒雪出雲之勢，呼

松醪茗飲之景。擁爐煨芋，欣然一飽，隨作《雪景》一幅，以寄僧

賞。

孤帆落照中，見青山映帶，征鴻回渚，爭栖競啄，宿水鳴雲，

聲凄夜月，秋飆蕭瑟，聽之黯然，遂使一夜西風，寒生露白。萬山

深處，一泓澗水，四周削壁，石磴嶄岩，叢木翁鬱，老猿穴其中，

古松屈曲，高拂雲顛，鶴來時栖其頂。每晴初霜旦，林寒澗肅，高

猿長嘯，屬引清風，風聲鶴唳，嘹嚦驚霜，聞之令人凄絕。

春雨初霽，園林如洗，開扉閑望，見綠疇麥浪層層，與湖頭烟

水相映帶，一派蒼翠之色，或從樹杪流來，或自溪邊吐出。支節

散步，覺數十年塵土肺腸，俱爲洗浄。

四月有新笋、新茶、新寒豆、新含桃，緑陰一片，黄鳥數聲，

乍晴乍雨，不暖不寒，坐間非雅非俗，半醉半醒，爾時如從鶴背

飛下耳。

名從刻竹，源分渭畝之雲；倦以據梧，清夢鬱林之石。

夕陽林際，蕉葉墮而鹿眠；點雪爐頭，茶烟飄而鶴避。

高堂客散，虛户風來，門設不關，簾鈎欲下。橫軒有㺌猊之

鼎，隱几皆龍馬之文，流覽霄端，寓觀濠上。

山經秋而轉淡，秋入山而倍清。

山居有四法：樹無行次，石無位置，屋無宏肆，心無機事。

花有喜、怒、寤、寐、曉、夕，浴花者得其候，乃爲膏雨。淡雲

薄日，夕陽佳月，花之曉也；狂號連雨，烈焰濃寒，花之夕也；檀唇烘日，媚體藏風，花之喜也；暈酣神斂，烟色迷離，花之愁也；欹枝困檻，如不勝風，花之夢也；嫣然流盼，光華溢目，花之醒也。

色，不同如此。

海山微茫而隱見，江山嚴厲而峭卓，溪山窈窕而幽深，塞山童顙而堆阜，桂林之山綿衍龐博，江南之山峻峭巧麗。山之形

杜門避影，出山一事，不到夢寐間。春晝花陰，猿鶴飽臥，亦五雲之餘蔭。

白雲徘徊，終日不去。岩泉一支，潺湲齋中。春之晝，秋之夕，既清且幽，大得隱者之樂，惟恐一日移去。

與衲子輩坐林石上，談因果，說公案。久之，松際月來，振衣而起，踏樹影而歸，此日便是虛度。

結廬人徑，植杖山阿，林壑地之所豐，烟霞性之所適，蔭丹桂，藉白茅，濁酒一杯，清琴數弄，誠足樂也。

輞水淪漣，與月上下，寒山遠火，明滅林外。深巷小犬，吠聲如豹。村虛夜春，復與疏鐘相間，此時獨坐，童僕靜默。

東風開柳眼，黃鳥罵桃奴。

晴雪長松，開窗獨坐，恍如身在冰壺；斜陽芳草，攜杖閑吟，信是人行圖畫。

小窗下修篁蕭瑟，野鳥悲啼；峭壁間醉墨淋漓，山靈呵護。

霜林之紅樹，秋水之白蘋。

雲收便悠然共游，雨滴便冷然俱清；鳥啼便欣然有會，花落便灑然有得。

千竿修竹，周遭半畝方塘；一片白雲，遮蔽五株柳垂。

山館秋深，野鶴唳殘清夜月；江園春暮，杜鵑啼斷落花風。

青山非僧不致，綠水無舟更幽；朱門有客方尊，緇衣絕糧益韵。

杏花疏雨，楊柳輕風，興到欣然獨往；村落烟橫，沙灘月印，歌殘倏爾言旋。

賞花酌酒，酒浮園菊方三盞；睡醒問月，月到庭梧第二枝

此時此興，亦復不淺。

幾點飛鴉，歸來綠樹；一行征雁，界破青天。

看山雨後，霽色一新，便覺青山倍秀；玩月江中，波光千頃，頓令明月增輝。

樓臺落日，山川出雲。

玉樹之長廊半陰，金陵之倒景猶赤。

小窗偃臥，月影到床，或逗留于梧桐，或搖亂于楊柳，翠華撲被，神骨俱仙。及從竹裏流來，如自蒼雲吐出。

清送素蛾之環佩，逸移幽士之羽裳。想思足慰于故人，清嘯自紆于良夜。

繪雪者，不能繪其清；繪月者，不能繪其明；繪花者，不能繪其香；繪風者，不能繪其聲；繪人者，不能繪其情。

讀書宜樓，其快有五：無剝啄之驚，一快也；可遠眺，二快也；無濕氣浸床，三快也；木末竹顛，與鳥交語，四快也；雲霞宿高簷，五快也。

山徑幽深，十里長松引路，不倩金張；俗態糾纏，一編殘卷療人，何須盧扁。

喜方外之浩蕩，嘆人間之窘束；逢閬苑之逸客，值蓬萊之故人。

忽據梧而策杖，亦披裘而負薪。

出芝田而計畝，入桃源而問津。菊花兩岸，松聲一丘。葉動猿來，花驚鳥去。閱丘壑之新趣，縱江湖之舊心。

籬邊杖履送僧，花鬚列于巾角；石上壺觴坐客，松子落我衣裾。

遠山宜秋，近山宜春，高山宜雪，平山宜月。

珠簾蔽月，翻窺窈窕之花；綺幔藏雲，恐礙扶疏之柳。

松子爲餐，蒲根可服。

烟霞潤色，荃薆結芳。出澗幽而泉冽，入山戶而松涼。

旭日始暖，蕙草可織；園桃紅點，流水碧色。

玩飛花之度窗，看春風之入柳。命麗人于玉席，陳寶器于紈羅。

忽翔飛而暫隱，時凌空而更颺。

竹依窗而庭影，蘭因風而送香。風暫下而將飄，烟繞高而不暝。

悠揚緑柳，訝合浦之同歸；繚繞青霄，環五星之一氣。

褥綉起于緹紛，烟霞生于灌莽。

卷七　韻

人生斯世，不能讀盡天下秘書靈笈。有目而昧，有口而啞，有耳而聾，而面上三斗俗塵，何時掃去？則韻之一字，其世人對症之藥乎？雖然，今世且有焚香啜茗，清涼在口，塵俗在心，儼然自附于韻，亦何异三家村老嫗，動口念阿彌，便云升天成佛也。

集韻第七。

陳愷家蓄數姬，每日晚藏花一枝，使諸姬射覆，中者留宿，時號『花媒』。

雪後尋梅，霜前訪菊；雨際護蘭，風外聽竹。

清齋幽閉，時時暮雨打梨花；冷句忽來，字字秋風吹木葉。

多方分別，是非之竇易開；一味圓融，人我之見不立。

春雲宜山，夏雲宜樹，秋雲宜水，冬雲宜野。

清疏暢快，月色最稱風光；瀟灑風流，花情何如柳態？

春夜小窗兀坐，月上木蘭，有骨凌冰，懷人如玉。因想『雪滿山中高士臥，月明林下美人來』，語此際光景頗似。

文房供具，借以快目適玩，鋪叠如市，頗損雅趣，其點綴之法，羅羅清疏，方能得致。

香令人幽，酒令人遠，茶令人爽，琴令人寂，棋令人閑，劍令人俠，杖令人輕，塵令人雅，月令人清，竹令人冷，花令人韵，石令人雋，雪令人曠，僧令人談，蒲團令人野，美人令人憐，山水令人奇，書史令人博，金石鼎彝令人古。

吾齋之中，不尚虛禮，凡入此齋，均爲知己。隨分款留，忘形笑語，不言是非，不侈榮利，閑談古今，靜玩山水，清茶好酒，以適幽趣，臭味之交，如斯而已。

窗宜竹雨聲，亭宜松風聲，几宜洗硯聲，榻宜翻書聲，月宜琴聲，雪宜茶聲，春宜箏聲，秋宜笛聲，夜宜砧聲。

鷄壇可以益學，鶴陣可以善兵。

翻經如壁觀僧，飲酒如醉道士，橫琴如黃葛野人，蕭客如碧桃漁父。

竹徑款扉，柳陰班席。每當雄才之處，明月停輝，浮雲駐影，退而與諸俊髦西湖靚媚。賴此英雄，一洗粉澤。

雲林性嗜茶，在惠山中，用核桃、松子肉和白糖，成小塊，如石子，置茶中，出以啖客，名曰清泉白石。

有花皆刺眼，無月便攢眉，當場得無妒我；花歸三寸管，月代五更燈，此事何可語人？

求校書于女史，論慷慨于青樓。

填不滿貪海，攻不破疑城。

機息便有月到風來，不必苦海人世；心遠自無車塵馬迹，何須痼疾丘山？

郊中野坐，固可班荊；徑裏閒談，最宜拂石。

侵雲烟而獨冷，移開清笑胡床；藉竹木以成幽，撤去莊嚴蓮坐。

幽心人似梅花，韵心士同楊柳。

情因年少，酒因境多。

看書築得村樓，空山曲抱；趺坐掃來花徑，亂水斜穿。

倦時呼鶴舞，醉後倩僧扶。

筆床茶竈，不巾櫛閉戶潛夫；寶軸牙籤，少鬚眉下帷董子。

鳥銜幽夢遠，只在數尺窗紗；蛩遞秋聲悄，無言一龕燈火。

藉草班荊，安穩林泉之寀；披裘拾穗，逍遙草澤之曜。

萬綠陰中，小亭避暑，八闥洞開，几簟皆綠。

雨過蟬聲來，花氣令人醉。

劃犀截雁之舌鋒，逐日追風之脚力。

瘦影疏而漏月，香陰氣而墮風。

修竹到門雲裏寺，流泉入袖水中人。

詩題半作逃禪偈，酒價都爲買藥錢。

掃石月盈帚，濾泉花滿篩。

流水有方能出世，名山如藥可輕身。

與梅同瘦，與竹同清，與柳同眠，與桃李同笑，居然花裏神仙；與鶯同聲，與燕同語，與鶴同唳，與鸚鵡同言，如此話中知己。

栽花種竹，全憑詩格取裁；聽鳥觀魚，要在酒情打點。

登山遇厲瘴，放艇遇腥風，抹竹遇繆絲，修花遇醒霧，歡場遇害馬，吟席遇傖夫，若斯不遇，甚于泥塗。偶集逢好花，動歌逢明月，席地逢軟草，攀磴逢疏藤，展卷逢靜雲，戰茗逢新雨，如此相逢，逾于知己。

草色遍溪橋，醉得蜻蜓春翅軟；花風通驛路，迷來蝴蝶曉魂香。

田舍兒强作馨語，博得俗因；風月場插入傖父，便成惡趣。

詩瘦到門鄰病鶴，清影頗嘉；書貧經座并寒蟬，雄風頓挫。

梅花入夜影蕭疏，頓令月瘦；柳絮當空晴恍忽，偏惹風狂。

花陰流影，散爲半院舞衣；水響飛音，聽來一溪歌板。

萍花香裏風清，幾度漁歌；楊柳影中月冷，數聲牛笛。

謝將縹緲無歸處，斷浦沉雲；行到紛紜不繫時，空山挂雨。

渾如花醉，潦倒何妨；絕勝柳狂，風流自賞。

春光濃似酒，花故醉人；夜色澄如水，月來洗俗。

雨打梨花深閉門，怎生消遣；分忖梅花自主張，着甚牢騷？

對酒當歌，四座好風隨月到；脫巾露頂，一樓新雨帶雲來。

浣花溪内，洗十年游子衣塵；修竹林中，定四海良朋交籍。

人語亦語，詆其昧于鉗口；人默亦默，訾其短于雌黃。

艷陽天氣，是花皆堪釀酒；綠陰深處，凡葉盡可題詩。

曲沼荇香侵月，未許魚窺；幽關松冷巢雲，不勞鶴伴。

篇詩斗酒，何殊太白之丹丘；扣舷吹簫，好繼東坡之赤壁。

獲佳文易，獲文友難；獲文友易，獲文姬難。

茶中着料，碗中着果，譬如玉貌加脂，蛾眉着黛，翻累本色。

煎茶非漫浪，要須人品與茶相得，故其法往往傳于高流隱逸，有

烟霞泉石磊落胸次者。

樓前桐葉，散爲一院清陰；枕上鳥聲，喚起半窗紅日。

天然文錦，浪吹花港之魚；自在笙簧，風戞園林之竹。

一五四

高士流連花木，添清疏之致；幽人剥啄莓苔，生黯淡之光。

松澗邊携杖獨往，立處雲生破衲；竹窗下枕書高卧，覺時月浸寒氈。

散履閑行，野鳥忘機時作伴；披襟兀坐，白雲無語漫相留。

客到茶烟起竹下，何嫌屐破蒼苔；詩成筆影弄花間，且喜歌飛《白雪》。

月有意而入窗，雲無心而出岫。

屏絕外慕，偃息長林，置理亂于不聞，托清閑而自佚。松軒竹塢，酒甕茶鐺，山月溪雲，農蓑漁笠。

怪石爲實友，名琴爲和友，好書爲益友，奇畫爲觀友，法帖爲範友，良硯爲礪友，寶鏡爲明友，净几爲方友，古磁爲虚友，舊爐為熏友，紙帳為素友，拂塵為静友。

掃徑迎清風，登臺邀明月。琴觴之餘，間以歌咏，止許鳥語花香，來吾几榻耳。

風波塵俗，不到意中；雲水淡情，常來想外。

紙帳梅花，休驚他三春清夢；筆床茶竈，可了我半日浮生。

酒澆清苦月，詩慰寂寥花。

好夢乍回，沉心未燼，風雨如晦，竹響入床，此時興復不淺。

山非高峻不佳，不遠城市不佳，不近林木不佳，無流泉不佳，無寺觀不佳，無雲霧不佳，無樵牧不佳。

一室十圭，寒蛩聲暗，折脚鐺邊，敲石無火，水月在軒，燈魂未滅，攬衣獨坐，如游皇古意思。

一。

虚閑世界，清净我身我心，了不可取，此一境界，名最第一。

花枝送客蛙催鼓，竹籟喧林鳥報更，謂山史實録。

遇月夜，露坐中庭，心爇香一炷，可號伴月香。

襟韵灑落，如晴雪秋月，塵埃不可犯。

峰巒窈窕，一拳便是名山；花竹扶疏，半畝如同金谷。

觀山水亦如讀書，隨其見趣高下。

名利場中羽客，人人輸蔡澤一籌；烟花隊裏仙流，個個讓焕之獨步。

深山高居，爐香不可缺，取老松柏之根枝實葉，共搗治之，研風昉麝和之，每焚一丸，亦足助清苦。

白日羲皇世，青山綺皓心。

松聲，澗聲，山禽聲，夜蟲聲，鶴聲，琴聲，棋子落聲，雨滴階聲，雪灑窗聲，煎茶聲，皆聲之至清，而讀書聲為最。

曉起入山，新流沒岸；棋聲未盡，石磬依然。

松聲竹韵，不濃不淡。

何必絲與竹，山水有清音。

世路中人，或圖功名，或治生產，盡自正經。爭奈天地間好風月、好山水、好書籍，了不相涉，豈非枉却一生！

李岩老好睡。眾人食罷下棋，岩老輒就枕，閱數局乃一展轉，云：『我始一局，君幾局矣？』

晚登秀江亭，澄波古木，使人得意于塵埃之外，蓋人閑景幽，

一五八

兩相奇絕耳。

筆硯精良，人生一樂，徒設只覺村妝；琴瑟在御，莫不靜好，纔陳便得天趣。

《蔡中郎傳》情思逶迤；北《西廂記》，興致流麗。學他描神寫景，必先細味沉吟，如日寄趣本頭，空博風流種子。

夜長無賴，徘徊蕉雨半窗；日永多閑，打叠桐陰一院。

雨穿寒砌，夜來滴破愁心；雪灑虛窗，曉去散開清影。

春夜宜苦吟，宜焚香讀書，宜與老僧說法，以銷艷思。夏夜宜閑談，宜臨水枯坐，宜聽松聲冷韵，以滌煩襟。秋夜宜豪游，宜訪快士，宜談兵說劍，以除蕭瑟。冬夜宜茗戰，宜酌酒說《三國》《水滸》《金瓶梅》諸集，宜箸竹肉，以破孤岑。

玉之在璞，追琢則珪璋；水之發源，疏浚則川沼。

山以虛而受，水以實而流，讀書當作是觀。

古之君子，行無友，則友松竹；居無友，則友雲山。余無友，則友古之友松竹、友雲山者。

買舟載書，作無名釣徒。每當草蕪月冷，鐵笛雙清，覺張志和、陸天隨去人未遠。

『今日鬢絲禪榻畔，茶烟輕颺落花風。』此趣惟白香山得之。

清姿如臥雲餐雪，天地盡愧其塵污；雅緻如蘊玉含珠，日月轉嫌其泄露。

焚香啜茗，自是吳中習氣，雨窗却不可少。

茶取色臭俱佳，行家偏嫌味苦；香須沖淡為雅，幽人最忌烟

一六〇

濃。

朱明之候，綠陰滿林，科頭散髮，箕踞白眼，坐長松下，蕭騷

流觴，正是宜人疏散之場。

讀書夜坐，鐘聲遠聞，梵響相和，從林端來，灑灑窗几上，化

作天籟虛無矣。

夏日蟬聲太煩，則弄簫隨其韵轉；秋冬夜聲寥颯，則操琴一

曲咻之。

心清鑒底瀟湘月，骨冷禪中太華秋。

語鳥名花，供四時之嘯咏；清泉白石，成一世之幽懷。

掃石烹泉，舌底嘲嘲茶味；開窗染翰，眼前處處詩題。

權輕勢去，何妨張雀羅于門前；位高金多，自當效蛇行于郊

外。蓋炎涼世態，本是常情，故人所浩嘆，惟宜付之冷笑耳。

溪畔輕風，沙汀印月，獨往閑行，嘗喜見漁家笑傲；松花釀酒，春水煎茶，甘心藏拙，不復問人世興衰。

手撫長松，仰視白雲，庭空鳥語，悠然自欣。

或夕陽籬落，或明月簾櫳，或雨夜聯榻，或竹下傳觴，或青山當戶，或白雲可庭，于斯時也，把臂促膝，相知幾人，謔語雄談，快心千古。

疏簾清簟，銷白晝惟有棋聲；幽徑柴門，印蒼苔只容展齒。

落花慵掃，留襯蒼苔；村釀新篘，取燒紅葉。

幽徑蒼苔，杜門謝客；綠陰清晝，脫帽觀詩。

烟蘿挂月，靜聽猿啼；瀑布飛虹，閑觀鶴浴。

簾捲八窗，面面雲峰送碧；塘開半畝，瀟瀟烟水涵清。

雲衲高僧，泛水登山，或可藉以點綴；如必蓮座說法，則詩酒之間，自有禪趣，不敢學苦行頭陀，以作死灰。

遨游仙子，寒雲幾片束行妝；高臥幽人，明月半床供枕簟。

落落者難合，一合便不可分；欣欣者易親，乍親忽然成怨。

故君子之處世也，寧風霜自挾，無魚鳥親人。

海內殷勤，但讀《停雲》之賦；目中寥廓，徒歌《明月》之詩。

生平願無恙者四：一曰青山，一曰故人，一曰藏書，一曰名草。

聞暖語如挾纊，聞冷語如飲冰，聞重語如負山，聞危語如壓卵，聞溫語如佩玉，聞益語如贈金。

旦起理花，午窗剪葉，或截草作字，夜臥懺罪，令一日風流瀟散之過，不致墮落。

快欲之事，無如飢餐；適情之事，莫過甘寢。求多于清欲，即侈汰亦茫然也。

客來花外茗烟低，共銷白晝；酒到梁間歌雪繞，不負清尊。

雲隨羽客，在瓊臺雙闕之間；鶴唳芝田，正桐陰靈虛之上。

卷八 奇

我輩寂處窗下，視一切人世，俱若蠛蠓嬰醜，不堪寓目。而有一奇文怪說，目數行下，便狂呼叫絕，令人喜，令人怒，更令人悲。低徊數過，床頭短劍亦鳴鳴作龍虎吟，便覺人世一切不平，俱付烟水。集奇第八。

呂聖公之不問朝士名，張師亮之不發竊器奴，韓稚圭之不易持燭兵，不獨雅量過人，正是用世高手。

花看水影，竹看月影，美人看簾影。

佞佛若可懺罪，則刑官無權；尋仙可以延年，則上帝無主。

達士盡其在我，至誠貴于自然。

以貨財害子孫，不必操戈入室；以學校殺後世，有如按劍伏兵。

君子不傲人以不如，不疑人以不肖。

讀諸葛武侯《出師表》而不墮淚者，其人必不忠；讀韓退之《祭十二郎文》而不墮淚者，其人必不友。

世味非不濃艷，可以淡然處之，獨天下之偉人與奇物，幸一見之，自不覺魄動心驚。

道上紅塵，江中白浪，饒他南面百城；花間明月，松下涼風，輸我北窗一枕。

立言亦何容易，必有包天、包地、包千古、包來今之識，必有驚天、驚地、驚千古、驚來今之才，必有破天、破地、破千古、破來今之膽。

聖賢爲骨，英雄爲膽，日月爲目，霹靂爲舌。

瀑布天落，其噴也珠，其瀉也練，其響也琴。

平易近人，會見神仙濟度；瞞心昧己，便有邪祟出來。

佳人飛去還奔月，騷客狂來欲上天。

涯如沙聚，響若潮吞。

詩書乃聖賢之供案，妻妾乃屋漏之史官。

強項者未必爲窮之路，屈膝者未必爲通之媒。故銅頭鐵面，

君子落得做個君子；奴顏婢膝，小人枉自做了小人。

有仙骨者，月亦能飛；無真氣者，形終如槁。

一世窮根，種在一捻傲骨；千古笑端，伏于幾個殘牙。

石怪常疑虎，雲閑却類僧。

大豪杰，捨己爲人；小丈夫，因人利己。

一段世情，全憑冷眼覷破；幾番幽趣，半從熱腸換來。

識盡世間好人，讀盡世間好書，看盡世間好山水。

舌頭無骨，得言句之總持；眼裏有筋，具游戲之三昧。

群居閉口，獨坐防心。

當場傀儡，還我爲之；大地衆生，任渠笑罵。

三徙成名，笑范蠡碌碌浮生，縱扁舟忘却五湖風月；一朝解綬，羨淵明飄飄遺世，命巾車歸來滿架琴書。

人生不得行胸懷，雖壽百歲，猶夭也。

棋能避世，睡能忘世。棋類耦耕之沮溺，去一不可；睡同禦風之列子，獨往獨來。

以一石一樹與人者，非佳子弟。

一勺水，便具四海水味，世法不必盡嘗；千江月，總是一輪

月光，心珠宜當獨朗。

面上掃開十層甲，眉目纔無可憎；胸中滌去數斗塵，語言方

覺有味。

愁非一種，春愁則天愁地愁；怨有千般，閨怨則人怨鬼怨。

天懶雲沉，雨昏花懕，法界豈少愁雲；石頹山瘦，水枯木落，

大地覺多窘況。

笋含禪味，喜坡仙玉版之參；石結清盟，受米顛袍笏之辱。

文如臨畫，曾致誚于昔人；詩類書抄，竟沿流于今日。

緗綈遞滿而改頭換面，茲律既湮；縹帙動盈而活剝生吞，斯

風亦墜。先讀經，後可讀史；非作文，未可作詩。

俗氣入骨，即吞刀刮腸，飲灰洗胃，覺俗態之益呈；正氣效靈，即刀鋸在前，鼎鑊具後，見英風之益露。

于琴得道機，于棋得兵機，于卦得神機，于蘭得仙機。

相禪遲思唐虞，戰爭大笑楚漢。夢中蕉鹿猶真，覺後蒓鱸亦幻。

世界極于大千，不知大千之外更有何物；天宮極于非想，不知非想之上畢竟何窮。

千載奇逢，無如好書良友；一生清福，只在茗碗爐烟。

作夢則天地亦不醒，何論文章？為客則洪濛無主人，何有章句？

艷，出浦之輕蓮；麗，穿波之半月。

雲氣恍堆窗裏岫，絕勝看山；泉聲疑瀉竹間樽，賢于對酒。

杖底唯雲，囊中唯月，不勞關市之譏；石笥藏書，池塘洗墨，

豈供山澤之稅？

有此世界，必不可無此傳奇；有此傳奇，乃可維此世界。則

傳奇所關非小，正可藉口《西廂》一卷，以爲風流談資。

非窮愁不能著書，當孤憤不宜說劍。

湖山之佳，無如清曉春時。常乘月至館，景生殘夜，水映岑

樓，而翠黛臨階，吹流衣袂，鶯聲鳥韻，催起哄然。披衣步林中，

則曙光薄戶，明霞射几，輕風微散，海旭乍來，見沿堤春草霏霏，

明媚如織，遠岫朗潤出沐，長江浩渺無涯，嵐光晴氣，舒展不一，

大是奇絕。

心無機事，案有好書，飽食晏眠，時清體健，此是上界真人。

讀《春秋》，在人事上見天理；讀《周易》，在天理上見人事。

則何益矣，茗戰有如酒兵；試妄言之，譚空不若說鬼。

鏡花水月，若使慧眼看透；筆彩劍光，肯教壯志銷磨。

烈士須一劍，則芙蓉赤精，二不惜千金購之；士人惟寸管，

映日干雲之器，那得不重價相索。

委形無寄，但教鹿豕爲群；壯志有懷，莫遣草木同朽。

哄日吐霞，吞河漱月；氣開地震，聲動天發。

議論先輩，畢竟沒學問之人；獎惜後生，定然關世道之寄。

貧富之交，可以情諒，鮑子所以讓金；貴賤之間，易以勢移，

管寧所以割席。

論名節，則緩急之事小；較生死，則名節之論微。但知爲餓

夫以采南山之薇，不必爲枯魚以需西江之水。

儒有一畝之宮，自不妨草茅下賤；士無三寸之舌，何用此土

木形骸？

鵬爲羽杰，鯤稱介豪，翼遮半天，背負重霄。

『憐』之一字，吾不樂受，蓋有才而徒受人憐，無用可知；

『傲』之一字，吾不敢矜，蓋有才而徒以資傲，無用可知。

問近日講章孰佳，坐一塊蒲團自佳；問吾儕嚴師孰尊，對一

枝紅燭自尊。

點破無稽不根之論，只須冷語半言；看透陰陽顛倒之行，惟此冷眼一隻。

古之釣也，以聖賢爲竿，道德爲綸，仁義爲鈎，利禄爲餌，四海爲池，萬民爲魚。釣道微矣，非聖人其孰能之？

既稍雲于清漢，亦倒影于華池。

浮雲回度，開月影而彎環；驟雨橫飛，挾星精而搖動。

天台礫起，繞之以赤霞；削成孤峙，覆之以蓮花。

金河別雁，銅柱辭鳶；關山夭骨，霜木凋年。

翻光倒影，擢菡萏于湖中；舒艷騰輝，攢蟬蜕于天畔。

照萬象于晴初，散寥天于日餘。

卷九　綺

朱樓綠幕，笑語勾別座之香；越舞吳歌，巧舌吐蓮花之艷。

此身如在怨臉愁房、紅妝翠袖之間，若遠若近，爲之黯然。嗟乎，

又何怪乎身當其際者，擁玉床之翠而心迷，聽伶人之奏而隕涕

乎？集綺第九。

天台花好，阮郎却無計再來；巫峽雲深，宋玉只有情空賦。

瞻碧雲之黯黯，覓神女其何踪；睹明月之娟娟，問嫦娥而不應。

妝臺正對書樓，隔池有影；綉户相通綺户，望眼多情。

蓮開并蒂，影憐池上鴛鴦；縷結同心，日麗屏間孔雀。

堂上鳴《琴操》，久彈乎《孤鳳》；邑中製錦紋，重織于雙

鸞。

鏡想分鸞，琴悲《別鶴》。

春透水波明，寒峭花枝瘦，極目烟中百尺樓，人在樓中否？

明月當樓，高眠如避，惜哉夜光暗投；芳樹交窗，把玩無主，

嗟矣紅顏薄命。

消。

鳥語聽其澀時，憐嬌情之未囀；蟬聲聞已斷處，愁孤節之漸

斷雨斷雲，驚魄三春蝶夢；花開花落，悲歌一夜鵑啼。

衲子飛觴歷亂，解脫于樽罍之間；釵行揮翰淋漓，風神在筆

墨之外。

養紙芙蓉粉，熏衣豆蔻香。

流蘇帳底，披之而夜月窺人；玉鏡臺前，諷之而朝烟縈樹。

風流誇墜髻，時世鬥啼眉。

新疊桃花紅粉薄，閣樓芳草雪衣涼。

李後主宮入秋水，喜簪异花芳草，拂鬟鬢嘗有粉蝶聚其間，

撲之不去。

濯足清流，芹香飛澗；浣花新水，蝶粉迷波。

昔人有花中十友：桂爲仙友，蓮爲净友，梅爲清友，菊爲逸友，海棠名友，荼蘼韵友，瑞香殊友，芝蘭芳友，臘梅奇友，栀子禪友。昔人有禽中五客：鷗爲閑客，鶴爲仙客，鷺爲雪客，孔雀南客，鸚鵡隴客。會花鳥之情，真是天趣活潑。

鳳笙龍管，蜀錦齊紈。

木香盛開，把杯獨坐其下，遥令青奴吹笛，止留一小奚侍酒，

纔少斟酌，便退立迎春架後。花看半開，酒飲微醉。

夜來月下臥醒，花影零亂，滿人襟袖，疑如濯魄于冰壺。

看花步，男子當作女人；尋花步，女人當作男子。

窗前俊石泠然，可代高人把臂；檻外名花綽約，無煩美女分香。

新調初裁，歌兒持板待的；闔題方啟，佳人捧硯濡毫。絕世風流，當場豪舉。

野花艷目，不必牡丹；村酒醉人，何須綠蟻？

石鼓池邊，小草無名可鬥；板橋柳外，飛花有陣堪題。

桃紅李白，疏籬細雨初來；燕紫鶯黃，老樹斜風乍透。

窗外梅開，喜有騷人弄笛；石邊積雪，還須小妓烹茶。

高樓對月，鄰女秋砧；古寺聞鐘，山僧曉梵。

佳人病怯，不耐春寒；豪客多情，尤憐夜飲。李太白之寶花

宜障，光孟祖之狗寶堪呼。

古人養筆以硫黄酒，養紙以芙蓉粉，養硯以文綾蓋，養墨以

豹皮囊。小齋何暇及此，惟有時書以養筆，時磨以養墨，時洗以

養硯，時舒捲以養紙。

芭蕉近日則易枯，迎風則易破。小院背陰，半掩竹窗，分外青

翠。

歐公香餅，吾其熟火無烟；顏氏隱囊，我則鬥花以布。

梅額生香，已堪飲爵；草堂飛雪，更可題詩。七種之羹，呼起

袁生之卧；六花之餅，敢迎王子之舟。豪飲竟日，賦詩而散。

佳人半醉，美女新妝。月下彈瑟，石邊侍酒。烹雪之茶，果然剩有寒香；爭春之館，自是堪來花嘆。

黃鳥讓其聲歌，青山學其眉黛。

淺翠嬌青，籠烟惹濕；清可漱齒，曲可流觴。

風開柳眼，露泡桃腮，黃鸝呼春，青鳥送雨，海棠嫩紫，芍藥嫣紅，宜其春也。碧荷鑄錢，綠柳縿絲，龍孫脫殼，鳩婦喚晴，雨驟黃梅，日蒸綠李，宜其夏也。槐陰未斷，雁信初來，秋英無言，曉露欲結，蓐收避席，青女辦妝，宜其秋也。桂子風高，蘆花月老，溪毛碧瘦，山骨蒼寒，千岩見梅，一雪欲臘，宜其冬也。

風翻貝葉，絕勝北闕除書；水滴蓮花，何似華清宮漏。

畫屋曲房，擁爐列坐；鞭車行酒，分隊徵歌。一笑千金，樗蒲

一八〇

百萬；名妓持箋，玉兒捧硯；淋漓揮灑，水月流虹。我醉欲眠，鼠

奔鳥竄；羅襦輕解，鼻息如雷。此一境界，亦足賞心。

柳花燕子，貼地欲飛，畫扇練裙，避人欲進。此春游第一風

光也。

花顏縹緲，欺樹裏之春風；銀焰熒煌，却城頭之曉色。

烏紗帽挾紅袖登山，前人自多風致。

筆陣生雲，詞鋒捲霧。

楚江巫峽半雲雨，清簟疏簾看弈棋。

美豐儀人，如三春新柳，濯濯風前。

澗險無平石，山深足細泉；短松猶百尺，少鶴已千年。

清文滿篋，非惟芍藥之花；新製連篇，寧止葡萄之樹。

梅花舒兩歲之裝，柏葉泛三光之酒。飄搖餘雪，入簫管以成歌；皎潔輕冰，對蟾光而寫鏡。

鶴有累心猶被斥，梅無高韵也遭删。

分果車中，畢竟借他人面孔；捉刀床側，終須露自己心胸。

雪滾花飛，繚繞歌樓，飄撲僧舍，點點共酒旗悠揚，陣陣追燕鶯飛舞，沾泥逐水。豈特可入詩料，要知色身幻影，是即風裏楊花，浮生燕壘。

水綠霞紅處，仙犬忽驚人，吠入桃花去。

九重仙詔，休教丹鳳銜來；一片野心，已被白雲留住。

香吹梅渚千峰雪，清映冰壺百尺簾。

避客偶然抛竹屨，邀僧時一上花船。

到來都是淚，過去即成塵。秋色生鴻雁，江聲冷白蘋。

鬥草春風，才子愁銷書帶翠；采菱秋水，佳人疑動鏡花香。

竹粉映琅玕之碧，勝新妝流媚，曾無掩面于花宮；花珠凝翡翠之盤，雖什襲非珍，可免探頷于龍藏。

因花整帽，借柳維船。

繞夢落花消雨色，一尊芳草送晴曛。

爭春開宴，罷來花有嘆聲；水國談經，聽去魚多樂意。

無端淚下，三更山月老猿啼；驀地嬌來，一月泥香新燕語。

燕子剛來，春光惹恨；雁臣甫聚，秋思慘人。

韓嫣金彈，誤了飢寒人多少奔馳；潘岳果車，增了少年人多少顏色。

微風醒酒，好雨催詩，生韵生情，懷頗不惡。

苧蘿村裏，對嬌歌艷舞之山；若耶溪邊，拂濃抹淡妝之水。

春歸何處，街頭愁殺賣花；客落他鄉，河畔生憎折柳。

論到高華，但說黃金能結客；看來薄命，非關紅袖嫩撩人。

同氣之求，惟刺平原于錦綉；同聲之應，徒鑄子期以黃金。

胸中不平之氣，説倩山禽；世上叵測之機，藏之烟柳。

袪長夜之惡魔，女郎説劍；銷千秋之熱血，學士談禪。

論聲之韵者，曰溪聲、澗聲、竹聲、松聲、山禽聲、幽壑聲、芭蕉雨聲、落花聲、落葉聲，皆天地之清籟，詩壇之鼓吹也。然銷魂之聽，當以賣花聲為第一。

石上酒花，幾片濕雲凝夜色；松間人語，數聲宿鳥動朝喧。

一八四

媚字極韻，但出以清致，則窈窕俱見風神，附以妖嬈，則做作畢露醜態。如芙蓉媚秋水，綠篠媚清漣，方不着迹。

武士無刀兵氣，書生無寒酸氣，女郎無脂粉氣，山人無烟霞氣，僧家無香火氣。換出一番世界，便爲世上不可少之人。

情詞之嫺美，《西廂》以後，無如《玉合》《紫釵》《牡丹亭》三傳，置之案頭，可以挽文思之枯澀，收神情之懶散。

俊石貴有畫意，老樹貴有禪意，韵士貴有酒意，美人貴有詩意。

紅顏未老，早隨桃李嫁春風；黃卷將殘，莫向桑榆憐暮景。

銷魂之音，絲竹不如著肉，然而風月山水間，別有清魂銷于清響。即子晉之笙，湘靈之瑟，董雙成之雲璈，猶屬下乘，嬌歌艷曲，不益混亂耳根。

風驚蟋蟀，聞織婦之鳴機；月滿蟾蜍，見天河之弄杼。

高僧筒裏送詩，突地天花墜落；韵姬扇頭寄畫，隔江山雨飛來。

酒有難懸之色，花有獨蘊之香，以此想紅顏媚骨，便得之格外。

客齋使令，翔七寶妝，理茶具，響松風于蟹眼，浮雪花于兔毫。

每到日中重掠鬢，襯衣騎馬試宮廊。

絕世風流，當場豪舉。世路既如此，但有肝膽向人；清議可奈何，曾無口舌造業。

花抽珠漸落，珠懸花更生；風來香轉散，風度焰還輕。

瑩以玉琇，飾以金英。綠芰懸插，紅蕖倒生。

浮滄海兮氣渾，映青山兮色亂。

紛黃庭之霹霳，隱重廊之窈窕，青陸至而鶯啼，朱陽升而花笑。

紫蒂紅蕤，玉蕊蒼枝。

視蓮潭之變彩，見松院之生涼；引驚蟬于寶瑟，宿蘭燕于瑤筐。

蒲團布衲，難于少時存老去之禪心；玉劍角弓，貴于老時任少年之俠氣。

卷十　豪

今世矩視尺步之輩，與夫守株待兔之流，是不束縛而胼者也。宇宙寥寥，求一豪者，安得哉？家徒四壁，一擲千金，豪之膽；興酣落筆，潑墨千言，豪之才；我才必用，黃金復來，豪之識。夫豪既不可得，而後世倜儻之士，或以一言一字寫其不平，又安與沉沉故紙同為銷沒乎？集豪第十。

桃花馬上春衫，少年俠氣；貝葉齋中夜衲，老去禪心。

岳色江聲，富煞胸中丘壑；松陰花影，爭殘局上山河。

驥雖伏櫪，足能千里；鵠即垂翅，志在九霄。

個個題詩，寫不盡千秋花月；人人作畫，描不完大地江山。

慷慨之氣，龍泉知我；憂煎之思，毛穎解人。

不能用世而故爲玩世，只恐遇着真英雄；不能經世而故爲

欺世，只好對着假豪杰。

緑酒但傾，何防易醉；黄金既散，何論復來？

山。

詩酒興將殘，剩却樓頭幾明月；登臨情不已，平分江上半青

句。

閑行消白日，懸李賀嘔字之囊；搔首問青天，携謝朓驚人之

假英雄專映不鳴之劍，若爾鋒芒，遇真人而落膽；窮豪杰慣

作無米之炊，此等作用，當大計而揚眉。

深居遠俗，尚愁移山有文；縱飲達旦，猶笑醉鄉無記。

風會日靡，試具宋廣平之石腸；世道莫容，請收姜伯約之大

膽。

藜床半穿，管寧真吾師乎；軒冕必顧，華歆詢非友也。

車塵馬足之下，露出醜形；深山窮谷之中，剩些真影。

吐虹霓之氣者，貴挾風霜之色；依日月之光者，毋懷雨露之私。

清襟凝遠，捲秋江萬頃之波；妙筆縱橫，挽昆侖一峰之秀。

聞雞起舞，劉琨其壯士之雄心乎；聞箏起舞，迦葉其開士之素心乎！

友遍天下英杰之士，讀盡人間未見之書。

讀書倦時須看劍，英發之氣不磨；作文苦際可歌詩，鬱結之懷隨暢。

交友須帶三分俠氣，作人要存一點素心。

栖守道德者，寂寞一時；依阿權勢者，淒涼萬古。

深山窮谷，能老經濟才猷；絶壑斷崖，難隱靈文奇字。

王門之雜吹非竽，夢連魏闕；邛路之飛聲無調，羞向楚囚。

肝膽煦若春風，雖囊乏一文，還憐煢獨，氣骨清如秋水。

獻策金門苦未收，歸心日夜水東流；扁舟載得愁千斛，聞說君王不稅愁。

世事不堪評，披卷神游千古上；塵氛應可却，閉門心在萬山中。

負心滿天地，幸他一片熱腸；戀態自古今，懸此兩隻冷眼。

龍津一劍，尚作合于風雷；胸中數萬甲兵，寧終老于牖下。

一九二

此中空洞原無物，何止容卿數百人。

英雄未轉之雄圖，假糟邱爲霸業；風流不盡之餘韵，托花谷爲深山。

紅潤口脂，花蕊乍過微雨；翠勻眉黛，柳條徐拂輕風。

滿腹有文難罵鬼，措身無地反憂天。

大丈夫居世，生當封侯，死當廟食，不然，閒居可以養志，詩書足以自娛。

不恨我不見古人，惟恨古人不見我。

榮枯得喪，天意安排，浮雲過太虛也；用捨行藏，吾心鎮定，

砥柱在中流乎！

曹曾積石爲倉以藏書，名曹氏石倉。

丈夫須有遠圖，眼孔如輪，可怪處堂燕雀；豪杰寧無壯志，

風棱似鐵，不憂當道豺狼。

雲長香火，千載遍于華夷；坡老姓字，至今口于婦孺。意氣精

神，不可磨滅。

據床嗒爾，聽豪士之談鋒；把盞惺然，看酒人之醉態。

登高眺遠，吊古尋幽。廣胸中之丘壑，游物外之文章。

雪霽清境，發于夢想。此間但有荒山大江，修竹古木。

每飲村酒後，曳杖放腳，不知遠近，亦曠然天真。

鬚眉之士在世，寧使鄉里小兒怒罵，不當使鄉里小兒見憐。

胡宗憲讀《漢書》，至終軍請纓事，乃起拍案曰：『男兒雙腳

當從此處插入，其他皆狼籍耳。』

一九四

宋海翁才高嗜酒，睥睨當世，忽乘醉泛舟海上，仰天大笑曰：

吾七尺之軀，豈世間凡土所能貯，合以大海葬之耳。遂按波而入。

王仲祖有好形儀，每覽鏡自照，曰：『王文開那生寧馨兒。』

毛澄七歲善屬對，諸喜之者贈以金錢。歸擲之曰：『吾猶薄蘇秦斗大，安事此鄧通靡靡？』

梁公實薦一士于李于鱗，士欲以謝梁，曰：『吾有長生術，不惜爲公授。』梁曰：『吾名在天地間，只恐盛着不了，安用長生？』

吳正子窮居一室，門環流水，跨木而渡，渡畢即抽之。人間故，笑曰：士舟淺小，恐不勝富貴人來踏耳。

吾有目有足，山川風月，吾所能到，我便是山川風月主人。

大丈夫當雄飛，安能雌伏？

青蓮登華山落雁峰，曰：『呼吸之氣，想通帝座，恨不携謝朓

驚人之詩來，搔首問青天耳。』

志欲梟逆虜，枕戈待旦，常恐祖生先我着鞭。

旨言不顯，經濟多托之工瞽蒭蕘；高踪不落，英雄常混之漁樵耕牧。

高言成嘯虎之風，豪舉破涌山之浪。

立言者，未必即成千古之業，吾取其有千古之心；好客者，未必即盡四海之交，吾取其有四海之願。

管城子無食肉相，世人皮相何爲？孔方兄有絶交書，今日盟

交安在？

襟懷貴疏朗，不宜太逞豪華；文字要雄奇，不宜故求寂寞。

懸榻待賢士，豈曰交情已乎？投轄留好賓，不過酒興而已。

才以氣雄，品由心定。

為文而欲一世之人好，吾悲其為文；為人而欲一世之人好，

吾悲其為人。

濟筆海則為舟航，騁文囿則為羽翼。

胸中無三萬卷書，眼中無天下奇山川，未必能文，縱能，亦無

豪杰語耳。

山厨失斧，斷之以劍；客至無枕，解琴自供。盥盆潰散，罄為

注洗；蓋不暖足，覆之以蓑。

孟宗少游學，其母製十二幅被，以招賢士共臥，庶得聞君子之言。

張烟霧于海際，耀光景于河渚；乘天梁而浩蕩，叫帝閽而延佇。

聲譽可盡，江天不可盡；丹青可窮，山色不可窮。

聞秋空鶴唳，令人逸骨仙仙；看海上龍騰，覺我壯心勃勃。

明月在天，秋聲在樹，珠箔捲嘯倚高樓；蒼苔在地，春酒在壺，玉山頹醉眠芳草。

胸中自是奇，乘風破浪，平吞萬頃蒼茫；腳底由來闊，歷險窮幽，飛度千尋香靄。

松風澗雨，九霄外聲聞環珮，清我吟魂；海市蜃樓，萬水中

一九八

一幅畫圖，供吾醉眼。

每從白門歸，見江山迤邐，草木蒼鬱，人常言佳，我覺是別離

人腸中一段酸楚氣耳。

人每誚余腕中有鬼，余謂：鬼自無端入吾腕中，吾腕中未嘗

有鬼也。人每責余目中無人，余謂：人自不屑入吾目中，吾目中

未嘗無人也。

天下無不虛之山，惟虛故高而易峻；天下無不實之水，惟實

故流而不竭。

放不出憎人面孔，落在酒杯；丟不下憐世心腸，寄之詩句。

春到十千美酒，爲花洗妝；夜來一片名香，與月薰魄。

忍到熟處則憂患消，淡到真時則天地贅。

醺醺熟讀《離騷》，孝伯外敢曰并皆名士；碌碌常承色笑，阿

奴輩果然盡是佳兒。

劍雄萬敵，筆掃千軍。

飛禽鍛翮，猶愛惜乎羽毛；志士捐生，終不忘乎老驥。

敢于世上放開眼，不向人間浪皺眉。

縹緲孤鴻，影來窗際，開戶從之，明月入懷，花枝零亂。朗吟

『楓落吳江』之句，令人凄絕。

雲破月窺花好處，夜深花睡月明中。

三春花鳥猶堪賞，千古文章祇自知。文章自是堪千古，花鳥

三春只幾時。

士大夫胸中無三斗墨，何以運管城，然恐蘊釀宿陳，出之

無光澤耳。

攫金于市者，見金而不見人；剖身藏珠者，愛珠而忘自愛。與

夫決性命以饕富貴，縱嗜欲以戕生者何异？

說不盡山水好景，但付沉吟；當不起世態炎凉，惟有閉戶。

殺得人者，方能生人。有恩者，必然有怨。若使不陰不陽，隨

世波靡，肉菩薩出世，于世何補，此生何用？

李太白云：『天生我才必有用，黃金散盡還復來。』又云：

『一生性僻耽佳句，語不驚人死不休。』豪杰不可不解此語。

天下固有父兄不能囿之豪杰，必無師友不可化之愚蒙。

諧友于天倫之外，元章呼石為兄；奔走于世途之中，莊生喻

塵以馬。

詞人半肩行李，收拾秋水春雲；深宮一世梳妝，惱亂晚花新柳。

得意不必人知，興來書自聖；縱口何關世議，醉後語猶顛。

英雄尚不肯以一身受天公之顛倒，吾輩奈何以一身受世人之提掇。是堪指髮，未可低眉。

能為世必不可少之人，能為人必不可及之事，則庶幾此生不虛。

兒女情，英雄氣，并行不悖；或柔腸，或俠骨，總是吾徒。

上馬橫槊，下馬作賦，自是英雄本色；熟讀《離騷》，痛飲濁酒，果然名士風流。

詩狂空古今，酒狂空天地。

處世當于熱地思冷，出世當于冷地求熱。

我輩腹中之氣，亦不可少，要不必用耳；若蜜口，真婦人事哉！

辦大事者，匪獨以意勝，蓋亦其智略絕也。故負氣雄行，力足以折公侯，出奇制算，事足以駭耳目。如此人者，俱千古矣。嗟嗟，今世徒虛語耳。

說劍談兵，今生恨少封侯骨；登高對酒，此日休吟烈士歌。

身許爲知己死，一劍夷門，到今俠骨香仍古；腰不爲督郵折，五斗彭澤，從古高風清至今。

劍擊秋風，四壁如聞鬼嘯；琴彈夜月，空山引動猿號。

壯志憤懑難消，高人情深一往。

先達笑彈冠，休向侯門輕曳裾；相知猶按劍，莫從世路暗投珠。

卷十一 法

自方袍幅巾之態遍滿天下，而超脫穎絕之士，遂以同污合流矯之，而世道已不古矣。夫迂腐者，既泥于法，而超脫者又越于法，然則士君子亦不偏不倚，期無所泥越則已矣，何必方袍幅巾，作此迂態耶？集法第十一。

世無乏才之世，以通天達地之精神，而輔之以拔十得五之法眼。

一心可以交萬友，二心不可以交一友。

凡事，留不盡之意則機圓；凡物，留不盡之意則用裕；凡情，留不盡之意則味深；凡言，留不盡之意則致遠；凡興，留不盡之意則趣多；凡才，留不盡之意則神滿。

有世法，有世緣，有世情。緣非情，則易斷；情非法，則易流。

世多理所難必之事，莫執宋人道學；世多情所難通之事，莫說晋人風流。

與其以衣冠誤國，不若以布衣關世；與其以林下而矜冠裳，不若以廊廟而標泉石。

眼界愈大，心腸愈小；地位愈高，舉止愈卑。

少年人要心忙，忙則攝浮氣；老年人要心閑，閑則樂餘年。

晋人清談，宋人理學，以晋人遺俗，以宋人裋躬，合之雙美，分之兩傷也。

莫行心上過不去事，莫存事上行不去心。

忙處事爲，常向閑中先檢點；動時念想，預從靜裏密操持。

青天白日處節義，自暗室屋漏中培來；旋乾轉坤的經綸，自臨深履薄處操出。

以積貨財之心積學問，以求功名之念求道德，以愛妻子之心愛父母，以保爵位之策保國家。

才智英敏者，宜以學問攝其躁；氣節激昂者，當以德性融其偏。

何以下達，惟有飾非；何以上達，無如改過。

一點不忍的念頭，是生民生物之根芽；一段不爲的氣象，是撐天撐地之柱石。

君子對青天而懼，聞雷霆而不驚；履平地而恐，涉風波而不疑。

不可乘喜而輕諾，不可因醉而生嗔；不可乘快而多事，不可因倦而鮮終。

意防慮如撥，口防言如遏，身防染如奪，行防過如割。

白沙在泥，與之俱黑，漸染之習久矣；他山之石，可以攻玉，切磋之力大焉。

後生輩胸中落『意氣』兩字，有以趣勝者，有以味勝者，然寧饒于味，而無饒于趣。

芳樹不用買，韶光貧可支。

寡思慮以養神，剪欲色以養精，靖言語以養氣。

立身高一步方超達，處世退一步方安樂。

士君子貧不能濟物者，遇人痴迷處出一言提醒之，遇人急難處出一言解救之，亦是無量功德。

救既敗之事者，如馭臨崖之馬，休輕策一鞭；圖垂成之功者，如挽上灘之舟，莫少停一棹。

是非邪正之交，少遷就則失從違之正；利害得失之會，太分明則起趨避之私。

事係幽隱，要思回護他，着不得一點攻訐的念頭；人屬寒微，要思矜禮他，着不得一毫傲睨的氣象。

毋以小嫌而疏至戚，勿以新怨而忘舊恩。

禮義廉恥，可以律己，不可以繩人。律己則寡過，繩人則寡合。

凡事韜晦，不獨益己，抑且益人；凡事表暴，不獨損人，抑且損己。

覺人之詐，不形于言；受人之侮，不動于色。此中有無窮意味，亦有無窮受用。

爵位不宜太盛，太盛則危；能事不宜盡畢，盡畢則衰。

遇故舊之交，意氣要愈新；處隱微之事，心迹宜愈顯；待衰朽之人，恩禮要愈隆。

用人不宜刻，刻則思效者去；交友不宜濫，濫則貢諛者來。

憂勤是美德，太苦則無以適性怡情；淡泊是高風，太枯則無以濟人利物。

作人要脫俗，不可存一矯俗之心；應世要隨時，不可起一趨時之念。

富貴之家，常有窮親戚往來，便是忠厚。

從師延名士，鮮垂教之實益；爲徒攀高第，少受誨之真心。

男子有德便是才，女子無才便是德。

病中之趣味，不可不嘗；窮途之景界，不可不歷。

才人國士，既負不群之才，定負不羈之行，是以才稍壓眾，則忌心生，行稍違時，則側目至。死後聲名，空譽墓中之骸骨；窮途潦倒，誰憐宮外之蛾眉。

貴人之交貧士也，驕色易露；貧士之交貴人也，傲骨當存。

君子處身，寧人負己，己無負人；小人處事，寧己負人，無人負己。

硯神曰淬妃，墨神曰回氏，紙神曰尚卿，筆神曰昌化，又曰佩阿。

要治世半部《論語》，要出世一卷《南華》。

禍莫大于縱己之欲，惡莫大于言人之非。

求見知于人世易，求真知于自己難；求粉飾于耳目易，求無愧于隱微難。

聖人之言，須常將來眼頭過，口頭轉，心頭運。

與其巧持于末，不若拙戒于初。

君子有三惜：此生不學一可惜，此日閑過二可惜，此身一敗三可惜。

畫觀諸妻子，夜卜諸夢寐，兩者無愧，始可言學。

士大夫三日不讀書，則禮義不交，便覺面目可憎，語言無味。

與其密面交，不若親諒友；與其施新恩，不若還舊債。

士人當使王公聞名多而識面少，寧使王公訝其不來，毋使王公厭其不去。

見人有得意事，便當生忻喜心；見人有失意事，便當生憐憫心。皆自己真實受用處，忌成樂敗，徒自壞心術耳。

恩重難酬，名高難稱。

待客之禮當存古意，止一雞一黍，酒數行，食飯而罷，以此為法。

處心不可着，着則偏；作事不可盡，盡則窮。

士人所貴，節行為大。軒冕失之，有時而復來；節行失之，終身不可得矣。

勢不可倚盡，言不可道盡，福不可享盡，事不可處盡，意味偏長。

静坐然後知平日之氣浮，守默然後知平日之言躁，省事然後知平日之費閒，閉戶然後知平日之交濫，寡欲然後知平日之病多，近情然後知平日之念刻。

喜時之言多失信，怒時之言多失體。

泛交則多費，多費則多營，多營則多求，多求則多辱。

一字不可輕與人，一言不可輕語人，一笑不可輕假人。

正以處心，廉以律己，忠以事君，恭以事長，信以接物，寬以待下，敬以治事，此居官之七要也。

聖人成大事業者，從戰戰兢兢之小心來。

酒入舌出，舌出言失，言失身弃，余以爲弃身不如弃酒。

青天白日，和風慶雲，不特人多喜色，即鳥鵲且有好音；若暴風怒雨，疾雷掣電，鳥亦投林，人皆閉戶，故君子以太和元氣爲主。

胸中落『意氣』兩字，則交游定不得力；落『騷雅』二字，則讀書定不深心。

交友之先宜察，交友之後宜信。

惟儉可以助廉，惟恕可以成德。

惟書不問貴賤貧富老少，觀書一卷，則有一卷之益；觀書一日，則有一日之益。

坦易其心胸，率真其笑語，疏野其禮數，簡少其交游。

好醜不可太明，議論不可務盡，情勢不可殫竭，好惡不可驟施。

不風之波，開眼之夢，皆能增進道心。

開口譏誚人，是輕薄第一件，不惟喪德，亦足喪身。

人之恩可念不可忘，人之仇可忘不可念。

不能受言者，不可輕與一言，此是善交法。

君子于人，當于有過中求無過，不當于無過中求有過。

我能容人，人在我範圍，報之在我；人若容我，我在人範圍，不報不知，報之不知。自重者然後人重，人輕者由我自輕。

高明性多疏脫，須學精嚴；狷介常苦迂拘，當思圓轉。

欲做精金美玉的人品，定從烈火鍛來；思立揭地掀天的事功，須向薄冰履過。

性不可縱，怒不可留，語不可激，飲不可過。

能輕富貴，不能輕一輕富貴之心；能重名義，又復重一重名義之念。是事境之塵氛未掃，而心境之芥蒂未忘，此處拔除不净，恐石去而草復生矣。

紛擾固溺志之場，而枯寂亦槁心之地，故學者當栖心玄默，以寧吾真體，亦當適志恬愉，以養吾圓機。

昨日之非不可留，留之則根燼復萌，而塵情終累乎理趣；今日之是不可執，執之則渣滓未化，而理趣反轉爲欲根。

待小人不難于嚴，而難于不惡；待君子不難于恭，而難于有禮。

市私恩，不如扶公議，結新知，不如敦舊好；立榮名，不如種

隱德；尚奇節，不如謹庸行。

有一念而犯鬼神之忌，一言而傷天地之和，一事而釀子孫之

禍者，最宜切戒。

不實心，不成事；不虛心，不知事。

老成人受病，在作意步趨；少年人受病，在假意超脫。

為善有表裏始終之异，不過假好人；為惡無表裏始終之异，

倒是硬漢子。

人心處咫尺玄門，得意時千古快事。

《水滸傳》何所不有，却無破老一事，非關缺陷，恰是酒肉漢

本色如此，益知作者之妙。

世間會討便宜人，必是吃過虧者。

書是同人，每讀一篇，自覺寢食有味；佛爲老友，但窺半偈，轉思前境真空。

衣垢不浣，器缺不補，對人猶有慚色；行垢不浣，德缺不補，對天豈無愧心？

天地俱不醒，落得昏沉醉夢；洪濛率是客，枉尋寥廓主人。

老成人必典必則，半步可規；氣悶人不吐不茹，一時難對。

重友者，交時極難，看得難，以故轉重；輕友者，交時極易，看得易，以故轉輕。

近以靜事而約己，遠以惜福而延生。

掩戶焚香，清福已具。如無福者，定生他想，更有福者，輔以讀書。

國家用人，猶農家積粟。粟積于豐年，乃可濟饑；才儲于平時，乃可濟用。

考人品，要在五倫上見。此處得，則小過不足疵；此處失，則眾生不足錄。

國家尊名節，獎恬退，雖一時未見其效，然當患難倉卒之際，終賴其用。如祿山之亂，河北二十四郡皆望風奔潰，而抗節不撓者，止一顏真卿，明皇初不識其人。則所謂名節者，亦未嘗不自恬退中得來也，故獎恬退者，乃所以勵名節。

志不可一日墜，心不可一日放。

辯不如訥，語不如默，動不如靜，忙不如閒。

以無累之神，合有道之器，宮商暫離，不可得已。

精神清旺，境境都有會心；志氣昏愚，到處俱成夢幻。

酒能亂性，佛家戒之；酒能養氣，仙家飲之。余于無酒時學佛，有酒時學仙。

死，天君以生其骸。總之手懸胸中之日月，以任世上之風波。

烈士不餒，正氣以飽其腹；清士不寒，青史以暖其躬；義士不

孟郊有句云：『青山碾爲塵，白日無閒人。』于鄴云：『白日

若不落，紅塵應更深。』又云：『如逢幽隱處，似遇獨醒人。』王

維云：『行到水窮處，坐看雲起時。』又云：『明月松間照，清泉

石上流。』皎然云：『少時不見山，便覺無奇趣。』每一吟諷，逸

思翩翩。

卷十二　倩

倩不可多得，美人有其韵，名花有其致，青山綠水有其豐標。外則山臞韵士，當情景相會之時，偶出一語，亦莫不盡其韵，極其致，領略其豐標。可以啓名花之笑，可以佐美人之歌，可以發山水之清音，而又何可多得！集倩第十二。

會心處，自有濠濮間想，然可親人魚鳥；偃臥時，便是羲皇上人，何必夏月涼風。

一軒明月，花影參差，席地便宜小酌；十里青山，鳥聲斷續，尋春幾度長吟。

入山采藥，臨水捕魚，綠樹陰中鳥道；掃石彈琴，捲簾看鶴，白雲深處人家。

沙村竹色，明月如霜，携幽人杖藜散步；石屋松陰，白雲似雪，對孤鶴掃榻高眠。

焚香看書，人事都盡，隔簾花落，松梢月上，鐘聲忽度；推窗仰視，河漢流雲，大勝晝時，非有洗心滌慮得意忘象之表者，不可獨契此語。

紙窗竹屋，夏葛冬裘，飯後黑甜，日中白醉，足矣！

收碣石之宿霧，斂蒼梧之夕雲。

八月靈槎，泛寒光而静去；三山神闕，湛清影以遥連。

空三楚之暮天，樓中歷歷；滿六朝之故地，草際悠悠。

秋水岸移新釣舫，藕花洲拂舊荷裳。心深不滅三年字，病淺難銷寸步香。

趙飛燕歌舞自賞，仙風留于縐裙；韓昭侯嚬笑不輕，儉德昭于敝褲。皆以一物著名，局面相去甚遠。

翠微僧至，衲衣皆染松雲；斗室殘經，石磬半沉蕉雨。

黃鳥情多，常向夢中呼醉客；白雲意懶，偏來僻處媚幽人。

樂意相關禽對語，生香不斷樹交花，是無彼無此真機；野色更無山隔斷，天光常與水相連，此徹上徹下真境。

美女不尚鉛華，似疏雲之映淡月；禪師不落空寂，若碧沼之吐青蓮。

書者喜談畫，定能以畫法作書；酒人好論茶，定能以茶法飲酒。

詩用方言，豈是采風之子；談鄰俳語，恐貽拂塵之羞。

肥壤植梅，花茂而其韵不古；沃土種竹，枝盛而其質不堅。

竹徑松籬，盡堪娛目，何非一段清閑；園亭池榭，僅可容身，便是半生受用。

南澗科頭，可任半簾明月；北窗坦腹，還須一榻清風。

披帙橫風榻，邀棋坐雨窗。

洛陽每遇梨花時，人多携酒樹下，曰：『爲梨花洗妝。』

綠染林皐，紅銷溪水。幾聲好鳥斜陽外，一簇春風小院中。

有客到柴門，清尊開江上之月；無人剪蒿徑，孤榻對雨中之山。

恨留山鳥，啼百卉之春紅；愁寄隴雲，鎖四天之暮碧。

澗口有泉常飲鶴，山頭無地不栽花。

雙杵茶烟，具載陸君之竈；半床松月，且窺揚子之書。

尋雪後之梅，幾忙騷客；訪霜前之菊，頗愜幽人。

帳中蘇合，全消雀尾之爐；檻外游絲，半織龍鬚之席。

瘦竹如幽人，幽花如處女。

晨起推窗，紅雨亂飛，閑花笑也；綠樹有聲，閑鳥啼也；烟嵐滅没，閑雲度也；藻荇可數，閑池静也；風細簾青，林空月印，閑庭峭也。山扉晝扃，而剥啄每多閑侣；帖括因人，而几案每多閑編。繡佛長齋，禪心釋諦，而念多閑想，語多閑詞。閑中滋味，洵足樂也。

鄙吝一消，白雲亦可贈客；渣滓盡化，明月亦來照人。

水流雲在，想子美千載高標；月到風來，憶堯夫一時雅致。

何以消天上之清風朗月，酒盞詩筒；何以謝人間之覆雨翻雲，

閉門高臥。

高客留連，花木添清疏之致；幽人剝啄，莓苔生淡冶之容。

雨中連榻，花下飛觴。進艇長波，散髮弄月。紫簫玉笛，颯起

中流。白露可餐，天河在袖。

午夜箕踞松下，依依皎月，時來親人，亦復快然自適。

香宜遠焚，茶宜旋煮，山宜秋登。

中郎賞花云：『茗賞上也，談賞次也，酒賞下也。茶越而酒

崇，及一切庸穢凡俗之語，此花神之深惡痛斥者。寧閉口枯坐，

勿遭花惱可也。』

賞花有地有時，不得其時而漫然命客，皆為唐突。寒花宜初

雪，宜雨霽，宜新月，宜暖房；溫花宜晴日，宜輕寒，宜華堂；暑花宜雨後，宜快風，宜佳木濃陰，宜竹下，宜水閣；涼花宜爽月，宜夕陽，宜空階，宜苔徑，宜古藤巉石邊。若不論風日，不擇佳地，神氣散緩，了不相屬，比于妓舍酒館中花，何异哉！

雲霞爭變，風雨橫天，終日靜坐，清風灑然。

妙笛至山水佳處，馬上臨風，快作數弄。

心中事，眼中景，意中人。

園花按時開放，因即其佳稱待之以客：梅花索笑客，桃花銷恨客，杏花倚雲客，水仙凌波客，牡丹酣酒客，芍藥占春客，萱草忘憂客，蓮花禪社客，葵花丹心客，海棠昌州客，桂花青雲客，菊花招隱客，蘭花幽谷客，酴醾清叙客，臘梅遠寄客。須是身閑，方可稱爲主人。

馬蹄入樹鳥夢墜，月色滿橋人影來。

無事當看韵書，有酒賞邀韵友。

紅寥灘頭，青林古岸，西風撲面，風雪打頭，披蓑頂笠，執竿

烟水，儼然在米芾《寒江獨釣圖》中。

馮惟一以杯酒自娛，酒酣即彈琵琶，彈罷賦詩，詩成起舞。

時人愛其俊逸。

風下松而合曲，泉縈石而生文。

秋風解纜，極目蘆葦，白露橫江，情景凄絕。孤雁驚飛，秋色

遠近，泊舟卧聽，沽酒呼盧，一切塵事，都付秋水蘆花。

設禪榻二，一自適，一待朋。朋若未至，則懸之。敢曰：『陳

蕃之榻，懸待孺子，長史之榻，專設休源。』亦惟禪榻之側，不容着俗人膝耳。詩魔酒顛，賴此榻祛醒。

留連野水之烟，淡蕩寒山之月。

春夏之交，散行麥野；秋冬之際，微醉稻場。欣看麥浪之翻銀，積翠直侵衣帶；快睹稻香之覆地，新醅欲溢尊罍。每來得趣于莊村，寧去置身于草野。

羈客在雲村，蕉雨點點，如奏笙竽，聲極可愛。山人讀《易》《禮》，斗後騎鶴以至，不減聞韶也。

陰茂樹，濯寒泉，溯冷風，寧不爽然灑然！

韵言一展卷間，恍坐冰壺而觀龍藏。

春來新笋，細可供茶；雨後奇花，肥堪待客。

賞花須結豪友，觀妓須結淡友，登山須結逸友，泛舟須結曠友，對月須結冷友，待雪須結艷友，捉酒須結韵友。

問客寫藥方，非關多病；閉門聽野史，只為偷閑。

歲行盡矣，風雨淒然，紙窗竹屋，燈火青熒，時于此間得小趣。

山鳥每夜五更喧起五次，謂之報更，蓋山間率真漏聲也。

分韵題詩，花前酒後；閉門放鶴，主去客來。

插花着瓶中，令俯仰高下，斜正疏密，皆存意態，得畫家寫生之趣，方佳。

法飲宜舒，放飲宜雅，病飲宜小，愁飲宜醉，春飲宜郊，夏飲宜洞，秋飲宜舟，冬飲宜室，夜飲宜月。

二三一

甘酒以待病客，辣酒以待飲客，苦酒以待豪客，淡酒以待清客，濁酒以待俗客。

仙人好樓居，須岩嶤軒敞，八面玲瓏，舒目披襟，有物外之觀，霞表之勝。宜對山，宜臨水；宜待月，宜觀霞；宜夕陽，宜雪月。宜岸幘觀書，宜倚檻吹笛；宜焚香静坐；宜揮麈清談。江干宜帆影，山鬱宜烟嵐；院落宜楊柳，寺觀宜松篁；溪邊宜漁樵、里無雲，長空如洗；宜千林雨過，叠嶂如新；宜高插江天，宜斜連城郭；宜開窗眺海日，宜露頂卧天風；宜嘯，宜咏，宜終日敲宜鷺鷥，花前宜娉婷、宜鸚鵡；宜翠霧霏微，宜銀河清淺；宜萬棋；宜酒，宜詩，宜清宵對榻。

良夜風清，石床獨坐，花香暗度，松影參差。黄鶴樓可以不登，張懷民可以不訪，《滿庭芳》可以不歌。

茅屋竹窗，一榻清風邀客；茶爐藥竈，半簾明月窺人。

娟娟花露，曉濕芒鞋；瑟瑟松風，涼生枕簟。

綠葉斜披，桃葉渡頭，一片弄殘秋月；青簾高挂，杏花村裏，幾回典却春衣。

楊花飛入珠簾，脫巾洗硯；詩草吟成錦字，燒竹煎茶。良友相聚，或解衣盤礴，或分韵角險，頃之貌出青山，吟成麗句，從旁品題之，大是開心事。

木枕傲，石枕冷，瓦枕粗，竹枕鳴。以藤爲骨，以漆爲膚，其背圓而滑，其額方而通。此蒙莊之蝶庵，華陽之睡几。

小橋月上，仰盼星光，浮雲往來，掩映于牛渚之間，別是一種晚眺。

醫俗病莫如書，贈酒狂莫如月。

明窗净几，好香苦茗，有時與高衲談禪；豆棚菜圃，暖日和風，無事聽友人説鬼。

花事乍開乍落，月色乍陰乍晴，興未闌，躊躇搔首；詩篇半拙半工，酒態半醒半醉，身方健，潦倒放懷。

灣月宜寒潭，宜絶壁，宜高閣，宜平臺，宜窗紗，宜簾鈎，宜苔階，宜花砌，宜小酌，宜清談，宜長嘯，宜獨往，宜搔首，宜促膝。春月宜尊罍，夏月宜枕簟，秋月宜砧杵，冬月宜圖書。樓月宜簫，江月宜笛，寺院月宜笙，書齋月宜琴。閨闥月宜紗櫥，勾欄月宜弦索，關山月宜帆檣，沙場月宜刁斗。花月宜佳人，松月宜道者，蘿月宜隱逸，桂月宜俊英；山月宜老衲，湖月宜良朋，風月宜楊柳，雪月宜梅花。片月宜花梢，宜樓頭，宜淺水，宜杖藜，宜幽人，宜孤鴻。滿月宜江邊，宜苑內，宜綺筵，宜華燈，宜醉客、宜妙妓。

佛經云：『細燒沉水，毋令見火。』此燒香三昧語。

石上藤蘿，墻頭薜荔，小窗幽致，絕勝深山，加以明月清風，物外之情，盡堪閑適。

出世之法，無如閉關。計一園手掌大，草木蒙茸，禽魚往來，矮屋臨水，展書匡坐，幾于避秦，與人世隔。

山上須泉，徑中須竹。讀史不可無酒，譚禪不可無美人。

幽居雖非絕世，而一切使令供具交游晤對之事，似出世外。

花爲婢僕，鳥爲笑談；溪漱澗流代酒肴烹煉，書史作師保，竹石質友朋；雨聲雲影，松風蘿月，爲一時豪興之歌舞。情景固濃，然亦清趣。

蓬窗夜啓，月白于霜，漁火沙汀，寒星如聚。忘却客于作楚，但欣烟水留人。

無欲者其言清，無累者其言達。口耳巽人，靈竅忽啓，故曰不爲俗情所染，方能説法度人。

臨流曉坐，欸乃忽聞，山川之情，勃然不禁。

舞罷纏頭何所贈，折得松釵；飲餘酒債莫能償，拾來榆莢。

午罷無人知處，明月催詩；三春有客來時，香風散酒。

如何清色界，一泓碧水含空；那可斷游踪，半砌青苔滯雨。

村花路柳，游子衣上之塵；山霧江雲，行李擔頭之色。

何處得真情，買笑不如買愁；誰人效死力，使功不如使過。

芒鞋甫挂，忽想翠微之色，兩足復繞山雲；蘭棹方停，忽聞新漲之波，一葉仍飄烟水。

旨愈濃而情愈淡者，霜林之紅樹；臭愈近而神愈遠者，秋水之白蘋。

龍女濯冰綃，一帶水痕寒不耐；姮娥携寶藥，半囊月魄影猶香。

山館秋深，野鶴唳殘清夜月；江園春暮，杜鵑啼斷落花風。

石洞尋真，綠玉嵌烏藤之杖；苔磯垂釣，紅翎間白鷺之蓑。

晚村人語，遠歸白社之烟；曉市花聲，驚破紅樓之夢。

案頭峰石，四壁冷浸烟雲，何與胸中丘壑；枕邊溪聲，半榻寒生瀑布，爭如舌底鳴泉。

扁舟空載，贏却關津不稅愁；孤杖深穿，攬得烟雲閑入夢。

幽堂晝密，清風忽來好伴；虛窗夜朗，明月不減故人。

曉入梁王之苑，雪滿群山；夜登庾亮之樓，月明千里。

名妓翻經，老僧釀酒，書生借箸談兵，介冑登高作賦，羨他雅致偏增；屠門食素，狙儈論文，厮養盛服領緣，方外束修懷刺，令我風流頓減。

高卧酒樓，紅日不催詩夢醒；漫書花樹，白雲恒帶墨痕香。

相美人如相花，貴清艷而有若遠若近之思；看高人如看竹，貴瀟灑而有不密不疏之致。

梅稱清絕，多却羅浮一段妖魂；竹本瀟疏，不耐湘妃數點愁泪。

窮秀才生活，整日荒年；老山人出游，一派熟路。

眉端揚未得，庶幾在山月吐時；眼界放開來，只好向水雲深處。

劉伯倫携壺荷鍤，死便埋我，真酒人哉；王武仲閉關護花，不許踏破，直花奴耳。

一聲秋雨，一聲秋雁，消不得一室清燈；一月春花，一池春草，繞亂却一生春夢。

夭桃紅杏，一時分付東風；翠竹黃花，從此永爲閑伴。

花影零亂，香魂夜發，颯然而喜。燭既盡，不能寐也。

花陰流影，散爲半院舞衣；水響飛音，聽來一溪歌板。

一片秋色，能療客病；半聲春鳥，偏喚愁人。

會心之語，當以不解解之；無稽之言，是在不聽聽耳。

雲落寒潭，滌塵容于水鏡；月流深谷，拭淡黛于山妝。

尋芳者追深徑之蘭，識韵者窮深山之竹。

幽人到處烟霞冷，仙子來時雲雨香。

花間雨過，蜂粘幾片薔薇；柳下童歸，香散數莖檐卜。

落紅點苔，可當錦褥；草香花媚，可當嬌姬。莫逆則山鹿溪鷗，鼓吹則水聲鳥囀。毛褐爲紈綺，山雲作主賓。和根野菜，不釀侯鯖；帶葉柴門，奚輪甲第？

野築郊居，綽有規制；茅亭草舍，棘垣竹籬，構列無方，淡宕如畫，花間紅白，樹無行款。徜徉灑落，何异仙居？

墨池寒欲結，冰分筆上之花；爐篆氣初浮，不散簾前之霧。

青山在門，白雲當戶，明月到窗，涼風拂座。勝地皆仙，五城十二樓，轉覺多設。

曰仙露明珠，詎能方其朗潤？

何爲聲色俱清？曰松風水月，未足比其清華。何爲神情俱徹？

『逸』字是山林關目，用于情趣，則清遠多致；用于事務，則散漫無功。

宇宙雖寬，世途眇于鳥道；征逐日甚，人情浮比魚蠻。

柳下艤舟，花間走馬，觀者之趣，倍過個中。

間人情何似？曰野水多于地，春山半是雲。問世事何似？曰馬上懸壺漿，刀頭分頓肉。

塵情一破，便同鷄犬爲仙，世法相拘，何異鶴鵝作陣？

清恐人知，奇足自賞。

與客到，金樽醉來一榻，豈獨客去爲佳；有人知，玉律回車

三調，何必相識乃再。笑元亮之逐客何迂，羨子猷之高情可賞。

高士豈盡無染，蓮爲君子，亦自出于淤泥；丈夫但論操持，

竹作正人，何妨犯以霜雪。

東郭先生之履，一貧從萬古之清；山陰道士之經，片字收千

金之重。

管輅請飲後言，名爲酒膽；休文以吟致瘦，要是詩魔。

因花索句，勝他牘奏三千；爲鶴謀糧，贏我田耕二頃。

至奇無驚，至美無艷。

瓶中插花，盆中養石，雖是尋常供具，實關幽人性情。若非得趣個中，布置何能生致！

舌頭無骨，得言語之總持；眼裏有筋，具游戲之三昧。

湖海上浮家泛宅，烟霞五色足資糧；乾坤內狂客逸人，花鳥四時供嘯咏。

養花，瓶亦須精良，譬如玉環、飛燕不可置之茅茨，嵇阮賀李不可請之店中。

纔有力以勝蝶，本無心而引鶯；半葉舒而岩暗，一花散而峰明。

玉檻連彩，粉壁迷明。動鮑昭之詩興，銷王粲之憂情。

急不急之辨，不如養默；處不切之事，不如養靜；助不直之

舉，不如養正；恣不禁之費，不如養福；好不情之察，不如養度；

走不實之名，不如養晦；近不祥之人，不如養愚。

誠實以啓人之信我，樂易以使人之親我，虛己以聽人之教

我，恭己以取人之敬我，奮發以破人之量我，洞徹以備人之疑

我，盡心以報人之托我，堅持以杜人之鄙我。